Schrader-Motor-Chronik

Trabant

P50 · P60 · 601 · 1,1 Liter
1958 - 1991

Trabant DE
601 LUXE
TV 95-41

Schrader-Motor-Chronik

Trabant

P50 · P60 · 601 · 1,1 Liter
1958 – 1991

Eine Dokumentation von Jürgen Wolff

Schrader Verlag

ISBN 3-613-87145-9

2. Auflage 1996

Ein Unternehmen der Paul Pietsch Verlage GmbH + Co.

Lektorat: Mila Schrader.
Druck: Maisch + Queck, 70839 Gerlingen.
Bindung: Karl Dieringer, 70839 Gerlingen.
Printed in Germany.

Inhalt

Vorwort

Werbung und Prospekte für ein Auto, das vierzig Jahre lang nicht so einfach zu kaufen war? Es ist in der Tat mühsam, in den Archiven und in alten Automobilzeitschriften fündig zu werden, wenn man nach Prospekt- und Werbematerial für den Trabant sucht.

Denn geworben werden muß nur für ein Produkt, das Mühe hat, sich zu verkaufen. Diese Mühe hatte der Trabant nur in den ersten Jahren, als der DDR-Markt noch offen war auch für Produkte aus dem Westen und der Trabi folglich im Wettbewerb zu Kleinwagen aus der Produktion von BMW, NSU oder Fiat stand. Doch schon bald waren die Grenzen einseitig dicht, und in der DDR mußte niemand mehr die Werbetrommel rühren für den Trabant: Die Käufer standen auch so notgedrungen Schlange und nahmen schließlich bei dem geringen jährlichen Produktionsvolumen Wartezeiten von bis zu 15 Jahren in Kauf.

Geworben wurde ab den 60er Jahren allenfalls noch in »exportträchtigen« Druckerzeugnissen. Der Trabant sollte Valuta für die DDR-Wirtschaft einfahren. Doch spätestens Ende der sechziger Jahre erübrigte sich auch das weitgehend: Der Trabant, im Westen längst ein überlebtes automobiles Konzept, hätte dort selbst mit massivem Werbeeinsatz keine Käufer mehr gefunden. Entsprechend beschränkte sich die Werbung für den Trabant bereits ab Mitte der sechziger Jahre vor allem auf Prospekte zur jährlichen Leipziger Messe. Was blieb, war der Trabant: der Welt letztgebautes Serienauto mit Heckflossen. Ein Auto, das – werbetechnisch gesehen – schon längst zur DDR gehörte wie Coca-Cola zu Amerika.

Der Trabant

Zumindest ein Jahrzehnt lang hatte die DDR durchaus Grund, stolz zu sein auf ihr Auto – und war es auch: »Der Typ Trabant ist in seiner Klasse ein schnittiges, elegantes und temperamentvolles Auto«, wurde selbstbewußt in einer Betriebsanleitung festgestellt. Die Sachsenring Automobilwerke Zwickau konnten sich zu DDR-Zeiten »als Produzent eines hochwertigen und begehrten Konsumgutes« mit hohen Auszeichnungen wie dem Karl-Marx-Orden oder dem Orden »Banner der Arbeit« schmücken, firmierten als »Betrieb der sozialistischen Arbeit«. Schon der Name versprach Großes: Unter vielen verschiedenen Vorschlägen im Rahmen eines Preisausschreibens setzte sich »Trabant« durch, angeregt durch den ersten künstlichen Erdtrabanten, den sowjetischen Sputnik, der 1957 während der Entwicklungsphase des Kleinwagens in die Erdumlaufbahn geschossen wurde.

Von Anfang an war der P 50 auf Sparflamme gesetzt. Die Mittel für das Projekt wurden schon 1957 in der Anfangsphase von 25 auf acht Millionen Mark zusammengestrichen. Aber als er am 10. Juli 1958 in die Serienfertigung ging, machte der Trabant P 50 trotzdem durchaus etwas her: Ein Kleinwagen, technisch und optisch auf der Höhe seiner Zeit. Für den, sagt Siegfried Rauch, einer seiner Entwickler, braucht sich niemand zu schämen. Der Wagen hatte Platz für vier Personen samt ihrem Gepäck. Seine Technik war robust und anspruchslos – aber seinen Konkurrenten mehr als nur ebenbürtig. Während Autos wie der Fiat 500, der NSU Prinz I, BMW 600 oder das Goggomobil 400 noch über Heckmotor und Heckantrieb verfügten, kam der P 50 bereits frontgetrieben und mit platzsparend quer eingebautem Frontmotor daher. Messerschmidt, Heinkel, BMW, NSU und andere bauten Kleinfahrzeuge mit drei oder vier Rädern und Platz meist nur für zwei Personen. Der von Sachsenring neu entwickelte Zweitakter kam bei einem Fahrzeuggewicht von 620 Kilogramm auf 18 PS Leistung. Auch damit befand man sich durchaus in guter Gesellschaft: DKW, Saab, Hanomag und Zündapp bauten in ihre Kleinwagen ebenfalls Zweitaktmotoren ein, Autos wie der bis 1971 gebaute, immerhin fünf Zentimeter kürzere NSU Prinz oder der BMW 600 kamen gerade mal auf zwei PS mehr Leistung als der Trabant.

Zudem war der Trabant vergleichsweise günstig im Preis. 1959 kostete ein Trabant in der DDR 7450 Mark. Das war vergleichsweise günstig: Eine Renault Dauphine brachte es auf 17.000 Mark, eine Simca-Aronde auf 18.500 Mark. Selbst für einen Wartburg mußte man mindestens 14.000 Mark hinlegen.
Auch was die Karosserie angeht, konnte der erste Trabant sehr wohl mithalten. Der quer eingebaute Motor sorgte für damals durchaus akzeptable Platzverhältnisse in dem Auto, das 3361 mm lang, 1493 mm breit und 1460 mm hoch war.

Die runden Formen der Pontonkarosserie, die freistehenden Scheinwerfer und Rückleuchten, die bei etwas Phantasie an Heckflossen erinnerten, entsprachen dem Geschmack der späten Fünfziger. Ein Kleinwagen, so definierten es die Zwickauer Ingenieure jener Zeit, »ist die unterste Stufe des PKW. Bei ihm ist eine unbedingte Beachtung der These – Beschränkung auf das mit einem Kleinwagen Mögliche – erforderlich. Bei der Festlegung der technischen Konzeption und Ausstattung des Kleinwagens muß man daher stets von der Zielsetzung eines ausgesprochen billigen Kraftfahrzeuges

ausgehen. Trotzdem darf der Kleinwagen keine zu primitive Lösung darstellen, sondern muß ein vollwertiges Verkehrsmittel mit ausreichenden Fahreigenschaften und genügendem Fahrkomfort sein.«

Daß die Autobauer der DDR mit ihrem Trabant richtig lagen, zeigen auch die Exportzahlen jener Jahre. Vom P 50 wurden 1961 über 2500 in den Westen exportiert – rund ein Drittel des gesamten Exports. Vom P 601 gingen drei Jahre später sogar über 6500 Stück ins »Nichtsozialistische Wirtschaftsgebiet«.

Bevor der Trabant das Fahren lernte, hatten die Autobauer in Zwickau schon einmal geübt: Für Sachsenring-Werker gilt nicht der P 50 als der erste Trabant, sondern bereits sein Vorgänger, der P 70, im Volksmund gern »Papp 70« genannt. Schon 1951 hatte es erste Versuche gegeben, einen Kunststoff zu finden, mit dem sich eine Automobilkarosserie beplanken ließ. Wie so oft, lagen die Gründe dafür im politischen Bereich. Stahlblech war zu dieser Zeit des beginnenden Kalten Krieges nur schwer zu bekommen, der Westen hatte die Lieferung von Tiefziehblechen gestoppt. Aus Baumwollresten und PVC entstand ein verformbarer Kunststoff, in den erstmals im Juli 1955 der P 70 mit einem modifizierten wassergekühlten Zweizylinder-Zweitakt-Ottomotor eingekleidet wurde. Zum Beweis der Haltbarkeit des Ganzen drapierte man 16 Sachsenring-Mitarbeiter auf dem Auto – ohne eine Beule zu hinterlassen. Den P 70, der bis 1959 insgesamt 36.063 mal gebaut wurde, gab es als Limousine, als Kombi und – welch ein Luxus – auch als Coup,. Sein 690-ccm-Motor hatte 22 PS und brachte das Wägelchen auf 90 Stundenkilometer Spitze.

Dieser P 70 mit seiner Konstruktion aus Stahl, Holz und eben Plaste war es, der den DDR-Bürgern Appetit machte auf mehr. Den Appetit sollte der Trabant P 50 befriedigen – ein Auto, das in relativ großen Stückzahlen unters Volk gelassen werden sollte und das – entsprechend seinem Namen – ein anspruchsloser Begleiter der Familie in eine lichte automobile Zukunft werden sollte. Der Volkswagen läßt grüßen.

Doch was Ende der fünfziger Jahre so durchaus vielversprechend begann, stagnierte schnell auf diesem Niveau: Vom Zeitpunkt der Markteinführung an wurde das Auto – zumindest offiziell – kaum noch weiterentwickelt. Mochte Sachsenring-Direktor Dr. Günter Hipp auch noch so sehr jubeln von einer »Produktion auf der Grundlage eines hohen Entwicklungstempos von Wissenschaft und Technik und dem Einsatz von Schlüsseltechnologien« – der Trabant der neunziger Jahre war weitgehend noch der Trabant der sechziger Jahre. Und somit schnell ein rollendes Museumsstück. 1959 wurde die Leistung auf 20 PS erhöht, 1961 gab es neue Vordersitze, eine neue Instrumententafel und ein größeres Wischerfeld, später dann ein vollsynchronisiertes Getriebe. Der P 60 erhielt 1962 einen 600-ccm-Motor mit 23 PS, wurde aber äußerlich nicht verändert. Erst als 1964 der Trabant P 601 in Produktion ging, änderte sich auch an der Optik etwas: Er war eckiger, markanter, eben moderner, hatte einen ordentlichen Kofferraum und statt der Schiebefenster vorn richtige Kurbelfenster. Doch das war die Ausnahme: Zwischen 1957 und 1969 kamen die Zwickauer Autobauer gerade mal auf rund 100 Detailverbesserungen – eine Weiterentwicklung in kleinen Schritten, die den Zwickauer Automobilwerkern ganz und gar nicht paßte.

Denn es waren keineswegs die Konstrukteure, die den Trabi ausbremsten. Sie entwarfen an ihren Reißbrettern und in den Werkstätten immer wieder neue, oft bis in die Details durchdachte und serienreife Modelle und Motoren, die den Trabi wenigstens auf dem eigenen DDR-Markt wieder attraktiver machen sollten.

Ein Beispiel von vielen ist der Trabant 603, ein Auto, das wie ein Mischling aus Skoda und VW Polo aussah. Er wurde Ende 1966 entwickelt und kam über einen Prototypen nie hinaus. »Wenn der Serienanlauf nicht erfolgt, werden weit mehr Pkw als bisher importiert werden müssen, um die gestiegenen Anforderungen bestimmter Käuferschichten zu befriedigen und deren angestaute Kaufkraft abzubauen«, mahnte der damalige Werksdirektor Herbert Uhlmann in einer vertraulichen Vorlage. Illusionen machte sich Uhlmann nicht: Er warnte die Parteifunktionäre, »daß der Trabant P 601 spätestens im Jahre 1968 auf dem kapitalistischen Markt nicht mehr absetzbar ist und daß diese Tatsache zwangsläufig Konsequenzen für den Export in das sozialistische Wirtschaftsgebiet nach sich ziehen wird. Fahrzeuge, die im kapitalistischen Westen nicht mehr verkauft werden können, stellen keinen Weltstand dar. Für Fahrzeuge, die keinen Weltstand darstellen, werden auch auf dem sozialistischen Markt keine Weltmarktpreise gezahlt.« Sein Fazit: »Übrig bleibt ein zeitlich beschränkter Verkauf unserer Fahrzeuge im Inland ohne Perspektive.« Die einzige Alternative dazu sei, »daß sich der Kleinwagen, soll er weiterhin konkurrenzfähig bleiben, in seinen technischen Details, vor allem aber vom Triebwerk her, dem Mittelklassewagen nähern muß«. Die Wunschliste des Sachsenring-Chefs für den 603 liest sich denn auch durchaus ambitioniert: Automatikgetriebe, ein nach hinten verlegter Benzintank, Bremskraftregler, bessere Lüftung und Heizung, drei Zweitakt-, Viertakt- und Wankelmotoren mit Leistungen zwischen 30 und 55 PS, längerer Radstand, bessere Federung und anderes mehr.

Doch die Idee fiel dem Rotstift der Allgewaltigen zum Opfer. Als Sachsenring-Entwickler Dr. Werner Lang daraufhin empört intervenierte, schickte ihn die SED-Führung kurzerhand für zwei Jahre »zur Bewährung« in die Lastwagenschmiede Ludwigsfelde. Die Prototypen des P 603 wurden auf persönliche Weisung des Politbüromitglieds Günter Mittag vernichtet.

Immer wieder scheiterten die ambitionierten Entwürfe der Zwickauer Ingenieure am Veto der Staatsbürokratie. Und Husarenstückchen wie mit dem P 601 gelangen halt nur einmal: Den hatte das Team um Lang ohne Genehmigung aus dem P 60 weiterentwickelt und 1964 vorgestellt. Der SED-Führung blieb nur noch die nachträgliche Absegnung. Doch schon beim nächsten Projekt, dem P 602 V, der eine kompakte Karosserie mit Heckklappe erhalten sollte, waren die Bürokraten wachsamer — er scheiterte am Widerstand der DDR-Entscheidungsträger. Es gab Wichtigeres zu finanzieren.

Dabei zeigen die Protokolle des SED-Politbüros durchaus, daß man sich der Museumsreife des Trabant bewußt war. Doch zum einen hatte der Luxusgegenstand Auto hintan zu stehen. Und zum anderen verpulverte man erhebliche Mittel aus einer Mischung von sachlicher Inkompetenz und ideologischem Prestigedenken heraus in teuren, aber sinnlosen Projekten. Dazu gehörte die 1965 von NSU für 900.000 (West)Mark gekaufte »Lizenz zur Entwicklung und Produktion von Kreiskolbenmotoren«, die schon vier Jahre später gekündigt werden mußte, »weil die Serienreife infolge ungelöster Entwicklungsprobleme (Kraftstoffverbrauch, Abgasemission, Laufkultur, Zuverlässigkeit und Großserientechnologie) nicht gegeben war«. Auch der Versuch, einen Keramikmotor zu entwickeln geriet ebenso teuer wie erfolglos.

Einen Ausweg aus der Misere suchte man Ende der sechziger Jahre in der geplanten Arbeitsteilung innerhalb des Rates für Gegenseitige Wirtschaftshilfe (RGW). Zusammen mit den

Auf dem Titelbild der DDR-Autozeitschrift Der Deutsche Straßenverkehr *präsentiert sich der P 70 Kombi als modernes Fahrzeug – auf dem Boden übernimmt er »die Weiterbeförderung von Wertgütern oder Personen« von der Lufthansa.*

tschechischen Nachbarn sollte ein neuer Trabant entwickelt werden: Den Motor und die Scheibenbremsen sollte Skoda liefern, Gelenkwellen, Lenkungen, Getriebe und die Form die DDR-Autobauer. Montiert werden sollte der P 610, der mit einem 43-PS-Viertaktmotor und einer Ganzstahlkarosserie geplant war, auf einer von Citro‰n gekauften und in Mosel bei Zwickau aufgestellten Anlage. Nachdem aber die errechneten Kosten von 75 Millionen auf 7,3 Milliarden Mark explodierten und sich die Planungen immer weiter verzögerten, wurde das Projekt zunächst zusammengestrichen und – nach fünf Jahren des Hin und Hers – ganz aufgegeben.
Doch obwohl er dank solcher Querelen über 30 Jahre lang produziert wurde: Große Stückzahlen erreichte der Trabi in der jährlichen Fertigung nie. Im zweiten Produktionsjahr, 1959, kam er lediglich auf 20.060 Exemplare. Und selbst in den besten Jahren waren es gerade mal 150.000 Stück, die das Zwickauer Werk verließen. Insgesamt, so die Schätzungen, wurden seit 1958 gut drei Millionen Trabant gebaut. Zehn Jahre hatte es allein gedauert, bis 1968 der 500.000. Trabi vom Band lief. Diese geringen Stückzahlen sorgten für eine besondere Qualität des Trabi: das Warten. Denn wer einen dieser Plastebomber haben wollte, mußte im Lauf der Jahre immer mehr Geduld zeigen. Der Weg zum eigenen Trabant führte über das staatliche Autohaus, das für den jeweiligen Einzugsbereich zuständig war. Dort wurde man registriert und erhielt eine Bestätigung, deren Erfüllung man anfangs ein halbes, später dann 15 Jahre entgegenträumen durfte. Was Wunder, daß sich Trabantfahrer als Mitglieder einer Gilde fühlten, als verschworene Gemeinschaft. »Autos aus Pappe für Männer aus Stahl«, »Trabantfahrer sind die Härtesten« oder »Mercedes fahren kann jeder« sind nur ein paar der Aufkleber, die den Trabi zierten.
Dazu kam, daß der Trabant von Anfang an ein unerschöpfliches Gesprächsthema hergab: Zwar waren es nur rund 4000 Teile, aus denen das Wägelchen bestand – aber darunter war offenbar keines, das nicht kaputt gehen konnte. Die Trabant-Selbsthilfe war fester Bestandteil jeder Männerrunde: Wer Trabant fuhr, der konnte auch Trabant reparieren. Der eine Wagen verlor ständig die Lichtmaschine, der andere die Scheibenwischer. Kaputte Scharniere, defekte Auspuffanlagen, ausgefallene Anzeigenleuchten, Klappern vorn und Dröhnen hinten – der Trabant schweißte Generationen zusammen. Und wer auf seinen noch wartete, dem blieb wenigstens das andächtige Zuhören.
Gründe für die bescheidenen Stückzahlen gab es viele. Einer davon war das komplizierte Zusammenspiel mit den über 1200 Zulieferern unter den Bedingungen einer durch langwierige bürokratische Prozesse geprägten Planwirtschaft. Jede noch so kleine Verbesserung erforderte Abstimmungen und Anpassungen ohne Ende.
Dazu kam ein aufwendiger Verarbeitungsprozeß für die Duroplastkarosserie, die auf Phenolharz basierte, das mit Baumwollabfällen verstärkt wurde. Im Schnitt dauerte es 1966 knapp 80 Stunden, bis ein Trabant P 601 zusammengebaut war (zum Vergleich: Ein Opel Corsa wird heute in Eisenach binnen 18 Stunden montiert). Beim Trabant mußten etwa die Karosserieteile so lange in der Preßform bleiben, bis sie ausgehärtet waren und ihre Stabilität erreicht hatten – das konnte bis zu 20 Minuten dauern. In der Zeit hat eine Metallpresse das Vielfache an Karosserieteilen in die Form gestampft. Zudem waren die Produktionsanlagen bei Sachsenring spätestens Mitte der siebziger Jahre völlig veraltet und verschlissen. Doch Geld für Investitionen wurde nicht genehmigt.
Das änderte sich erst, als im Grunde alles schon zu spät war. Am 9. Oktober 1984 faßte das Politbüro für viele völlig unerwartet einen Beschluß »zur Realisierung der Motorenkonzeption für die Pkw Wartburg und Trabant«. Herzstück dieses Beschlusses war ein Lizenzvertrag mit der Volkswagen AG über die Lieferung von Viertakt-Rumpfmotoren für Trabant und Wartburg. Und logische Konsequenz daraus: das Ende des DDR-eigenen Motorenbaus. Vor allem aber: Zwar kam man so an moderne Viertakter – aber implementiert werden sollten sie in die beiden Museumsstücke Trabant und Wartburg. »Wie die Zwickauer Autobauer diese staatlich verordnete, fachlich eigentlich unsinnige Aufgabe gelöst haben, ist bewundernswert«, staunte denn auch die Fachzeitschrift AUTO/Straßenverkehr 1990 beim ersten Test des neuen Trabant 1.1. Die Renovierung auch des äußeren Erscheinungsbildes war beim Trabant 1.1 einmal mehr an den Finanzen gescheitert, weil das »fi Milliarde Investitionen und

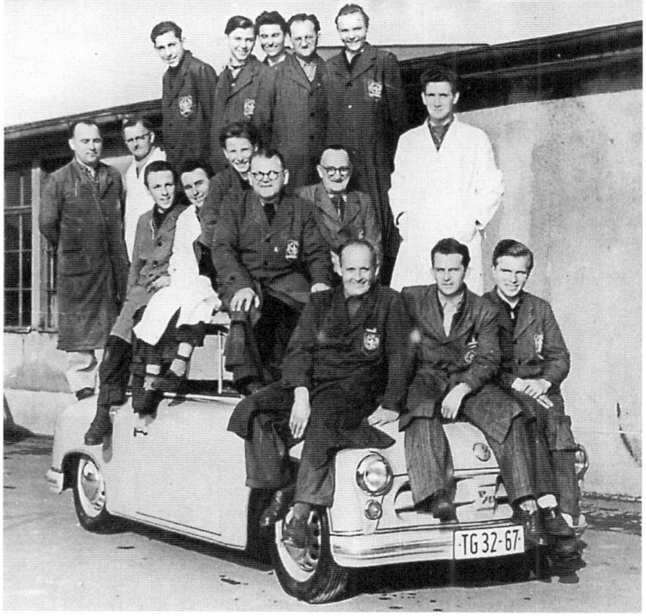

Sechzehn Mann auf der Plaste-Kiste — um die Belastbarkeit der neuen Karosserie zu demonstrieren, kletterten bei der Vorstellung des P 70 Sachsenring-Arbeiter auf das neue Auto (oben links). Das bestand den Test ohne jegliche Blessur. Auch der P 70-Nachfolger Trabant, hier der P 601, basierte auf einem Plattformrahmen, der mit einem Stahlblechgerippe verschweißt ist (oben rechts). Das Beplankungsmaterial besteht aus einem Duroplast-Material. Beim P 70 wurde diese Plaste-Technik erstmals bei einem Auto serienmäßig angewandt (unten)

Das Erscheinen des Trabant, der zunächst überall nur unter seinem Firmenkürzel P 50 firmierte, war dem Deutschen Straßenverkehr *eine großzügige Aufmachung über zwei Seiten wert. Zu gespannt und zu lange hatte man schon auf den Nachfolger des P 70 gewartet.*

ca. 80 Mio. Valutamark NSW-Importe erfordert« hätte, wie es in den Akten heißt. Gespart wurde auch an der Technik, etwa bei der hinteren Pendelachse, die es schon im P50 gegeben hatte, und beim Tank. Der faßte nur 28 Liter und brachte den neuen Trabant gereade mal 270 Kilometer weit – bei dem dürftigen Tankstellennetz in der DDR eine Katastrophe.
Es half alles nichts: Nach der Wiedervereinigung war solch ein Auto, das inzwischen zudem noch fast 20.000 Mark kostete, einfach nicht mehr zu verkaufen. Ein letztes Aufbäumen war noch der Versuch, mit dem Freizeitauto Tramp ein paar Nischen-Marktanteile zu ergattern. Doch auch dieser Versuch blieb erfolglos. Am 30. April 1991 gingen Punkt 14.51 Uhr bei Sachsenring in Zwickau alle Lichter aus — nach dem Bau von 3.096.099 Trabant.

VEB Sachsenring
Automobilwerke
Zwickau

[redacted]

Vertrauliche Dienstsache
Nr. TK-A-79/66
14. Ausfertigung

Vorlage
zur
Entwicklung u. Produktion
des
TRABANT 603

Diese Unterlage wurde auf Grund eines Briefes des Generaldirektors v. 26.9.66 erarbeitet. Wir bitten, diese Ausarbeitung bei Bestätigung durch den Generaldirektor als technisch-ökonomisches Gutachten zu betrachten.

Zwickau, den 30.12.1966

Uhlmann
Betriebsdirektor

(In dieser Ausarbeitung sind alle Forderungen für ein technisch-ökonomisches Gutachten lt. VVB-Anweisung v. 30.9.64 beachtet worden).

III/29/11 VLV Osterwieck/Harz Ag 305/65/DDR/S 730

Der Trabant 603 blieb 1966 lediglich eine Studie und zierte das Deckblatt einer vertraulichen Vorlage – gebaut wurde er nicht (links). Der P 610 hatte 1974 noch die größten Chancen, als neuer Trabant von den Bändern zu rollen (rechts oben). 240.000 Stück pro Jahr waren geplant. Doch 1979 scheiterte auch dieses Kooperations-projekt mit der CSSR an den Kosten. Gerade mal 24.980 Kilometer schaffte der Dreizylinder-Dieselmotor, der für den Trabant 601 entwickelt worden war, 1984 im Straßentest (rechts unten). Doch obwohl er nach den Worten von Sachsenring-Chef Wilfried Sonntag »lief wie der Golf Diesel«, ging er nie in Serie.

1955

Voller Stolz präsentierten die Automobilwerke Zwickau im Juli 1955 den ersten Wagen aus der Baureihe mit dem vorangestellten Kürzel »P« für »Plaste«. Der Kleinwagen firmierte als P 70 und trug den Namen »Typ Zwickau«. Es gab ihn als Limousine, Kombi und Coupé. Bis zur Einstellung der Produktion im Jahre 1959 wurden von ihm 36.063 Stück gebaut. Die Ähnlichkeit ist unverkennbar: Der

von 1955 bis 1959 in Zwickau noch unter dem Firmendach der IFA gebaute Wagen war der unmittelbare Vorgänger des Trabant. Unter der Haube steckte der modifizierte wassergekühlte Zweizylinder-Zweitakt-Ottomotor des F 8, der ersten IFA-Nachkriegsproduktion. Mit seinen 690-ccm Hubraum brachte er es auf 22 PS Leistung und eine Spitzengeschwindigkeit von 90 km/h.

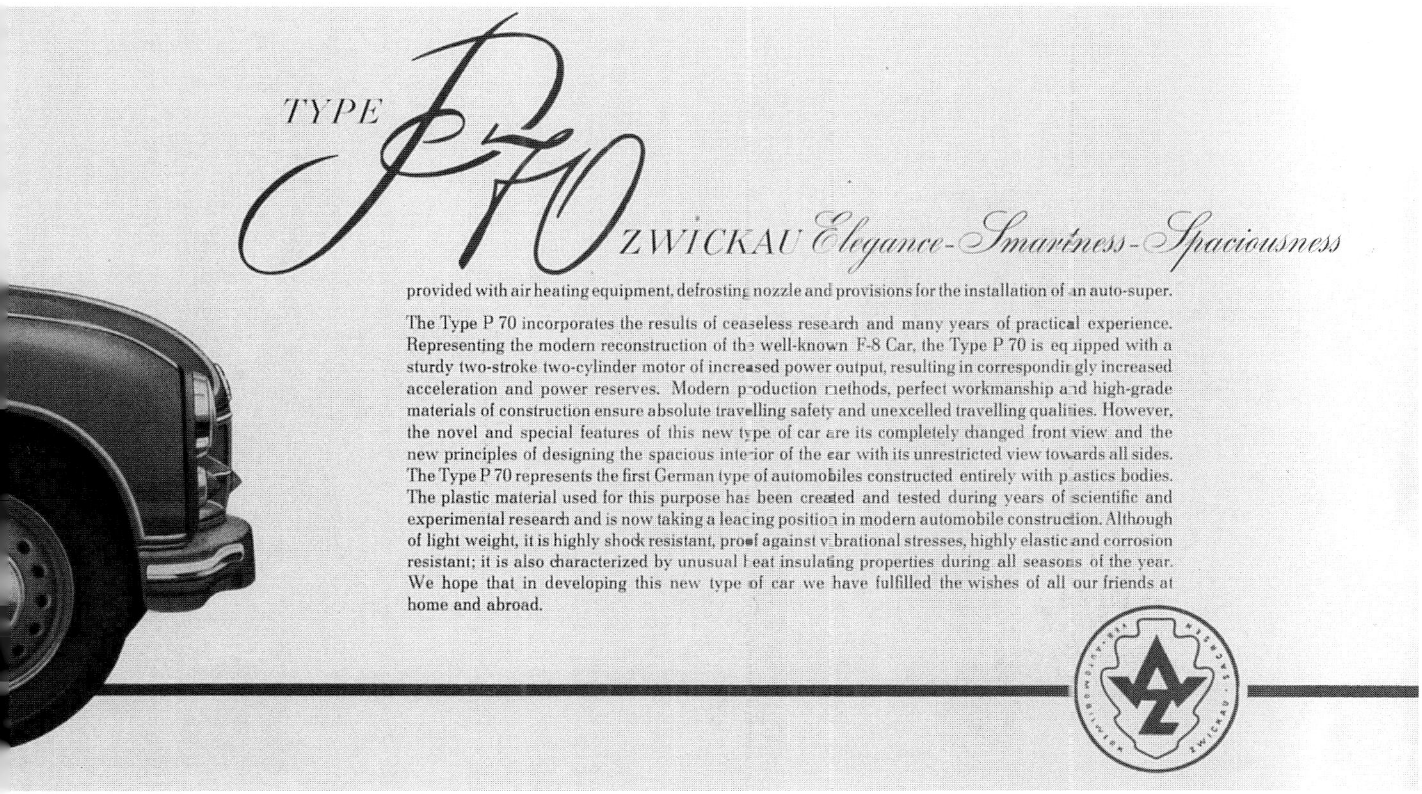
TYPE P70 ZWICKAU *Elegance-Smartness-Spaciousness*

provided with air heating equipment, defrosting nozzle and provisions for the installation of an auto-super.

The Type P 70 incorporates the results of ceaseless research and many years of practical experience. Representing the modern reconstruction of the well-known F-8 Car, the Type P 70 is equipped with a sturdy two-stroke two-cylinder motor of increased power output, resulting in correspondingly increased acceleration and power reserves. Modern production methods, perfect workmanship and high-grade materials of construction ensure absolute travelling safety and unexcelled travelling qualities. However, the novel and special features of this new type of car are its completely changed front view and the new principles of designing the spacious interior of the car with its unrestricted view towards all sides. The Type P 70 represents the first German type of automobiles constructed entirely with plastics bodies. The plastic material used for this purpose has been created and tested during years of scientific and experimental research and is now taking a leading position in modern automobile construction. Although of light weight, it is highly shock resistant, proof against vibrational stresses, highly elastic and corrosion resistant; it is also characterized by unusual heat insulating properties during all seasons of the year. We hope that in developing this new type of car we have fulfilled the wishes of all our friends at home and abroad.

Der P 70, als elegant und formschön angepriesen, lief de facto als Versuchsträger für die Serienfertigung der Plaste-Karosserie. Seine Karosserie und die der aus ihm weiterentwickelten späteren Trabant-Modelle waren aus der Not geboren. Weil wegen des westlichen Rohstoffembargos nicht an die für eine herkömmliche Automobilproduktion notwendigen Tiefziehbleche heranzukommen war, wurde aus Holzschliff, Baumwollabfall und PVC ein thermisch verformbarer Plastewerkstoff für den P 70 entwickelt. Beim Trabant wurde er durch Duroplast auf der Basis von Phenolharz ersetzt, das mit Baumwollabfällen verschiedener Schichtungen verstärkt wurde. Heute würde man das Recycling nennen. Aber der P 70 war doch schon mehr als ein reiner Versuchsträger. Sein Design, das später in Details vom Trabant P 50 aufgenommen wurde, entsprach durchaus dem Zeitgeschmack der fünfziger Jahre und sollte dem Wagen auch außerhalb der DDR zu Käufern verhelfen.

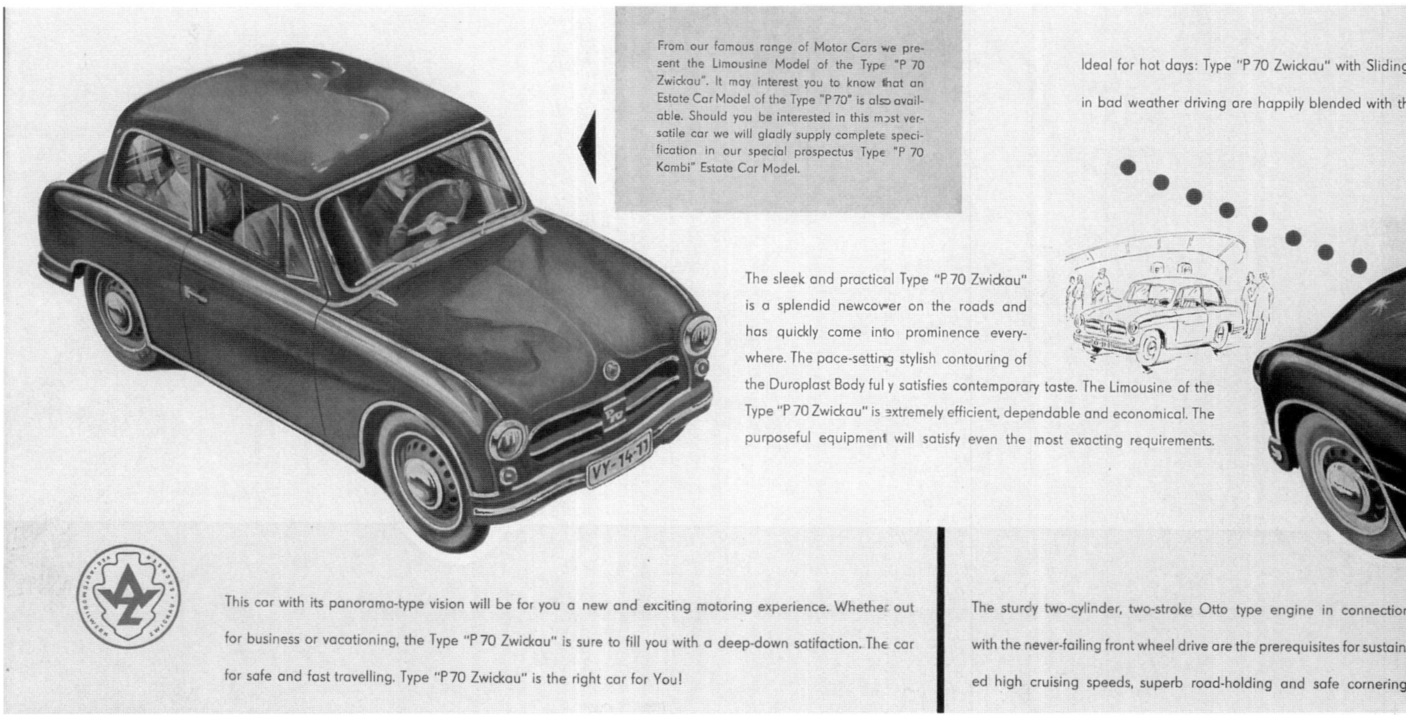

TYP P70
ZWICKAU
TG-19-27

nnoying draught! The virtues of the Limousine
Cabriolet with open top in laughing sunshine.
P70

Das Deckblatt des ersten Trabant-Prospekts aus dem Jahre 1958. Sein Produktionsbeginn wurde mit dem sozialistischen Kalender abgestimmt: Als Ziel »für die Montage des ersten P 50 ist der 40. Jahrestag der Großen Sozialistischen Oktoberrevolution vorgesehen«.

Jede kleinste Neuerung am Trabant wurde gebührend gefeiert, und war es nur wie hier die Ankündigung von ein- und mehrfarbigen Sonderausführungen. Mangels Farbe ließ die Anzeige aus dem Jahre 1959 der Phantasie viel Raum.

Als der neue Trabant seinem Publikum zum ersten Mal in der Augustausgabe der Zeitschrift Der Deutsche Straßenverkehr *präsentiert wurde, zierte er das Titelblatt noch als Zeichnung, die künstlerische Freiheit offenbarte: Weder stimmte die Heckform, noch das Firmenzeichen auf der heruntergezogenen Motorhaube.*

In den ersten Jahren konnte der Trabant in seiner Klasse auch bei internationalen Rennereignissen im Ostblock – wie der Internationalen Automobilrallye für Frieden und Freundschaft – vorne mithalten, die 5000 Kilometer weit durch vier Staaten führte. Von 70 gestarteten Fahrzeugen landete der erste Trabi immerhin auf Platz 24 im Gesamtklassement und auf Platz 2 in der Klasse bis 750 ccm.

Nach den großen sportlichen Erfolgen der TRABANT-Mannschaft aus Zwickau im Jahre 1959 nimmt selbstverständlich auch in diesem Jahr wiederum ein Werksteam des VEB SACHSENRING Automobilwerke Zwickau am internationalen Rallye-Sport teil. Bereits die ersten Starts brachten den TRABANT-Piloten hervorragende Ergebnisse.
So konnten die drei an der großen Internationalen Rallye Hanseat in Westdeutschland im April dieses Jahres teilnehmenden TRABANT-Fahrzeuge eine ausgezeichnete Plazierung erreichen. Obwohl in der Klasse bis 850 ccm in einem überaus starken Feld

Trabant-Sporterfolge

europäischer Wagen gestartet werden mußte, errangen die Besatzungen Feldmann/Lange und Galle/Georgie je 1 Silbermedaille und die Sportfreunde Landgraf/König 1 Bronzemedaille.
Eine großartige Leistung vollbrachte im Mai 1960 der Deutsche Meister und Werkfahrer des VEB SACHSENRING Heinz Feldmann bei der Internationalen Semperit-Rallye, die vom Bodensee nach Wien über viele Alpenpässe führte. Er errang mit seinem Beifahrer Lange bei dieser schweren Fahrt eine Goldmedaille für den TRABANT.
Bisheriger Höhepunkt der Rallye-Wettbewerbe 1960 war dann die große Internationale Rallye für Frieden und Freundschaft, deren Streckenführung von Moskau über Warschau und Berlin nach Prag größte Beanspruchungen für Wagen und Fahrer bedeutete. Fünf TRABANT-Fahrzeuge aus Zwickau (davon 1 Wagen wegen verspäteter Nennung außer Wertung) gingen über diesen 5000 km langen schweren Kurs. Alle fünf Wagen erreichten ohne Schwierigkeiten das Ziel in Prag. Der 2., 4., 6. und 7. Platz in der Klasse bis 750 ccm wurde von den nur 500 ccm starken TRABANT-Wagen mit nach Hause gebracht.
Ein großartiges Ergebnis!
Zum Abschluß noch eine interessante Auslandsmeldung:
Am 8. Mai 1960 gewann der Belgier Cuvelier auf TRABANT die Geschwindigkeitsprüfung „Fliegende Kilometer von Antwerpen" in der Klasse bis 500 ccm und übertraf mit der von ihm gefahrenen Zeit von 40"25 den bisher von einem Citroën 2 CV gehaltenen Streckenrekord in dieser Klasse beträchtlich.

VEB SACHSENRING
AUTOMOBILWERKE ZWICKAU

Nicht ohne Stolz warb der VEB Sachsenring mit den Rennsporterfolgen seiner Trabant. Auch bei internationalen Rallye-Veranstaltungen mischten die kleinen Flitzer, die bis zu 70 PS unter der Haube hatten, kräftig mit.

DER KLEINWAGEN TRABANT

sachlich vorgestellt und kurz beschrieben

Als vor Jahresfrist Fahrzeuge der Erprobungs- und Nullserie des Trabant nach umfassendsten und gründlichsten Voruntersuchungen, Konstruktionsanalysen sowie ausgedehnten Dauerversuchen, u. a. auch Teilnahmen an Rallyes, bereits im Verkehr waren, konnte die technische Konzeption dieses neuen Kleinwagens als abgeschlossen angesehen werden. Nach sorgfältiger Beendigung aller Entwicklungs- und Erprobungsvorgänge erfolgte dann in diesem erreichten, wirklich optimalen Reifestadium die Überleitung in die Serienproduktion. Das war ungefähr zu dem Zeitpunkt, als anläßlich der Leipziger Herbstmesse 1958 die Weltöffentlichkeit erstmals mit dem neuen Kleinwagen der Deutschen Demokratischen Republik, mit dem Trabant aus dem VEB SACHSENRING Automobilwerke Zwickau bekanntgemacht wurde. Die Art, wie in Zwickau in Form des Trabant jene gewisse Problematik, mit einem Kleinwagen dennoch ein vollwertiges Automobil in jeder Beziehung zu schaffen, gelöst worden war, fand verständlicherweise allenthalben große Beachtung und wurde insbesondere seitens der in Frage kommenden Abnehmerkreise beifällig begrüßt.

Die technische Konzeption des Trabant, seine fortschrittliche Konstruktion und die sich daraus ergebenden vorzüglichen Eigenschaften dieses Wagens verleiten bei Betrachtung und Beurteilung im allgemeinen nur zu gern zu Superlativen. Obwohl sich derartige Meinungsäußerungen angesichts dieses Kleinwagens freilich immer ergeben, wurde im Rahmen der nachfolgend bewußt sachlich gehaltenen Darstellung des Trabant darauf verzichtet; sie beschränkt sich im Wesentlichen auf jeweilige Daten und entsprechende Beschreibungen. Abschließend mag natürlich der persönliche Fahreindruck die sich zwangsläufig ergebende positive Auffassung vom „Trabant" vervollständigen.

Motor

Zweizylindriger Zweitakt-Ottomotor
mit asymmetrischer Einlaß-Flachschiebersteuerung
Bohrung 66 mm, Hub 73 mm; Gesamthubraum 500 ccm
Leistung 18 PS bei 3750 U/min
max. Drehmoment 4,5 mkg bei 2500 U/min
Luftkühlung durch Axialgebläse
Frischöl-Mischungsschmierung 1 : 25
Batteriezündung, Batterie 6 V 56 Ah

Das Zweitaktprinzip, welches man in Zwickau auf Grund langjähriger Erfahrungen eindeutig beherrscht, wurde wegen der sich dabei von vornherein bietenden Vorteile angewendet. Insbesondere sind dazu der relativ einfache Aufbau des Motors ohne komplizierten und leistungsmindernden Ventiltrieb zur Steuerung der Gaswechselvorgänge, die daraus mit resultierende Unempfindlichkeit gegen Überdrehen, die außerdem auch auf die Frischöl-Mischungsschmierung zurückzuführen ist, sowie gleichförmigerer Drehmomentverlauf, niedrigeres Leistungsgewicht, Startfreudigkeit, Anspruchslosigkeit in der Wartung und geringe Instandsetzungskosten zu nennen. Die Verwendung eines auf der Kurbelwelle sitzenden Flachdrehschiebers mindert den einfachen Aufbau dieses Zweitaktmotors nicht, bewirkt aber andererseits durch ein asymmetrisches Steuerdiagramm eine sehr gute Füllung der Zylinder, so daß ein höherer mittlerer Arbeitsdruck erreicht wird.

4

Daraus wiederum ergibt sich das hohe Drehmoment von 4,5 mkg bei 2500 U/min, welches die Elastizität dieses Motors kennzeichnet, der überdies mit einer Drehzahl von 3750 U/min bei Höchstleistung so ausgelegt ist, daß der Verschleiß äußerst niedrig ist. Dies bestätigt auch eine Ausrechnung der mittleren Kolbengeschwindigkeit unter Zugrundelegung des Kolbenhubes von 73 mm und der Maximaldrehzahl. Die Kurbelwelle ist dreifach in Wälzlagern, die Pleuel sind in Rollen gelagert. Der Motor ist durch ein Gebläse luftgekühlt, wodurch sich neben den betriebstechnischen Vorteilen Wartungslosigkeit und Unempfindlichkeit gegenüber den Außentemperaturen im Sommer und Winter ergeben. Übrigens sei hier der Hinweis gestattet, daß die Luftkühlung des Trabant-Motors durchaus nicht laut ist. Der Antrieb des rechts seitlich am Motor angebrachten Kühlluftgebläses erfolgt mittels Keilriemen, der auch die Lichtmaschine antreibt, so daß bei einem eventuellen Keilriemenschaden infolge des gleichzeitigen Stillstandes der Lichtmaschine die rote Ladekontrollampe am Armaturenbrett warnend aufleuchtet. Über dem Kühlluftleitblech ist der Anscuggeräuschdämpfer mit Luftfilter angebracht, von dem ein Verbindungsschlauch zum BVF-Flachstromvergaser H 261-0 mit 26 mm Durchlaß führt. Der Kraftstofftank für 24 Liter einschließlich 4 Liter Reserve befindet sich rechts seitlich an der Abschlußwand des Motorraumes. Gestartet wird der Motor durch Anlasser. Die 6-V-Batterie ist leicht zugänglich links seitlich im Motorraum angebracht.

Kraftübertragung

Einscheiben-Trockenkupplung
Vierganggetriebe mit sperrbarem Freilauf
Übersetzungen I. 4,08; II. 2,38; III. 1,5; IV. 1,02; R. 5,35
Kegelradausgleichgetriebe
Gesamtübersetzung 4,93
Achsantrieb mit Gelenkwellen
(Gummi- und Weitwinkel-Scharnier-Gelenke)

An den Motorblock schließt sich das Kupplungsgehäuse mit der zuverläßig trennenden Einscheiben-Trockenkupplung an, die durch Seilzug betätigt wird. An das Kupplungsgehäuse ist das mechanische Viergang-Stufengetriebe angeflanscht. Dessen Getrieberäder stehen ständig im Eingriff. Die Übersetzungen sind so günstig abgestuft, daß mit den 4 Gängen sowohl eine gute Anpassung an die verschiedensten Belastungsverhältnisse als auch an die besten Leistungsbereiche des Motors vorgenommen werden kann. Die Schaltung erfolgt mit Schalterleichterung über innenverzahnte Schaltklauen mittels einer direkt neben der Lenksäule befindlichen Stockschaltung, wobei, von der Leerlauf-Mitte-Stellung aus gesehen, der I. Gang rechts und der II. Gang links „unten" sowie der III. Gang rechts und der IV. Gang links „oben" liegen. Der Rückwärtsgang wird nach Überwinden einer Arretierung unterhalb der Schaltebene des I. und II. Ganges nach links geschaltet. Das Getriebe ist mit einem abschaltbaren Freilauf ausgestattet, der die Fahrweise sehr günstig beeinflußt, den Motor schont und zur Senkung des Kraftstoffverbrauchs beiträgt. Von der Getriebeabtriebswelle erfolgt die Kraftübertragung direkt auf das Kegelraddifferential, dessen Gehäuse gleichfalls unmittelbar am Getriebe- und Motorblock angeschlossen ist. Über Gelenkwellen mit Gummigelenken am Ausgleichgetriebe und von Gummimanschetten umschlossenen Scharniergelenken an den Achsköpfen werden die Vorderräder angetrieben.

Fronttriebwerksblock

Fronttriebsatz vor der Vorderachse
in Dreiwellenanordnung
mit Antrieb der Vorderräder

Die Vorzüge des Frontantriebs hinsichtlich des Fahrverhaltens und der Fahreigenschaften eines Wagens sind allgemein so bekannt, daß sich hier wohl eingehendere Darlegungen darüber erübrigen. Durch den Einbau des Triebwerksblockes vor der Vorderachse, also einer Gewichtsverlagerung auf die antreibenden Vorderräder, werden Schlupfverluste an Steigungen und bei Straßenglätte weitgehend ausgeschaltet. Ein weiteres Kennzeichen der intensiven Konstruktionsarbeit am Trabant ist die hier angewendete Dreiwellen-Bauart des Fronttriebwerksblockes. Die zwei Zylinder des Motors stehen quer zur Fahrtrichtung, infolgedessen liegen auch die Kurbelwelle, Getriebe-Antriebs- und -Abtriebswelle quer zur Fahrtrichtung. Die Abtriebswelle des Getriebes überträgt die Kraft auf das Kegelrad-Ausgleichsgetriebe,

5

Zur Leipziger Messe 1959, ein Jahr nach dem Beginn der Serienfertigung des P 50, waren es vor allem die technischen Merkmale, mit denen Sachsenring für den 1960er Trabant warb. Der verbesserte Motor des werksintern nun P 50/1 genannten Modells hatte zwei PS mehr als der Ur-Trabant, drehte etwas schneller und war etwas höher verdichtet.

Anfang 1960 erhielt der Trabant eine Kombi-Version als Bruder. Auch er war zunächst zweifarbig lackiert.

1961 wurde zum ersten Mal mit einem Foto und nicht nur mit einer Zeichnung für den Trabant geworben. Von der zweifarbigen Lackierung sind nur noch schmale Zierstreifen übrig geblieben.

Schon früh versuchte man in der Prospektwerbung für den Trabant das Image des Kleinwagens zu heben. Das Erscheinen des P 600 – intern P 60 genannt und seit 1962 gebaut – bot 1963 den entsprechenden Anlaß.

Seit 1962 schon wurde der Trabant
mit einem vollsynchronisierten Getriebe und
einer geräuschreduzierenden weicheren
Motorlagerung ausgeliefert.

Als P 60 hatte er
jetzt eine 23-PS-Maschine, die den Wagen
bei maximal 4000 Umdrehungen in der
Minute auf eine Höchstgeschwindigkeit von
100 Stundenkilometern brachte.

1963

Der P 60, der auch in den sozialistischen Nachbarstaaten der DDR als modernes Auto angepriesen wurde, hatte zwar eine neue Versionsnummer – außer dem vergrößerten Motor bot er aber kaum Neues. Ein paar weitere Farbvarianten kamen hinzu, dazu eine Sonderversion des Kombis mit Schiebedach und Liegesitzen.

Mit dem 23-PS-Motor waren die Möglichkeiten des Fahrwerkes ausgereizt. Und da es im Werk an einer Fließstrecke hergestellt wurde, gab es nur wenig Möglichkeiten, noch einschneidende Änderungen vorzunehmen. Das wiederum bedeutete, daß der Radstand auf Jahre hinaus verbindlich bleiben würde.

Der P 60 war weniger die Vorstufe zum P 601 als vielmehr die letzte Stufe des P 50. Immerhin: Als 1964 die P 60-Produktion auslief, waren von ihm rund 225.000 Exemplare gebaut.

1963

Auch den P 60 gab es neben der Ausführung als Limousine als Kombi, in einer Sonderversion auch mit Liegesitzen und Schiebedach.

DUROPLAST

EEN MODERNE WERKSTOF IN DE AUTOMOBIELBOUW

Duroplast behoort bij de groep van de te harden kunststoffen en is in het geheel geen vervangingsstof. Zij wordt kunstmatig vervaardigd en overtreft in het desbetreffende gebruiksbereik veelvoudig de natuurlijke werkstoffen.

Op de grondslag van Phenolharsen en urinestofharsen opgebouwd, wordt duroplast door verharden in een anders niet bereikbaren en vervormbaren toestand gebracht.

Al lange tijd worden kunststoffen ook in de automobielbouw gebruikt, vooral ook als fournituren, knopen, schakelaars, maar ook als bekledingsmateriaal voor de binnenuitrusting. Het is aan de VEB SACHSENRING Automobielwerke Zwickau te danken, hat hier voor de eerste keer en in eigen ontwikkeling ook carrosserie-vormdelen van grotere oppervlakten op plastische grondslag geperst en in grote series verwerkt worden.

Wel werden ook elders proeven in dezelfde richting genomen, hier en daar ook plastik-carrosserieën vervaardigd, zo waren dat meer of minder toch maar enkelvoudige producten. Als materiaal worden overwegend door glasvezels versterkte, onverzadigde Polyesterharsen gebruikt, waarvan echter een vergelijk met diepgetrokken plaatijzer en daarmede het gebruik bij de grote seriebouw, niet kon standhouden.

Het zelfdragende staalplaatgeraamte van de Trabant biedt met zijn duroplastbekleding een buitengewoon doelmatige en intensieve bescherming tegen iedere corrosieinvloed, tegen geruisoverbrenging en temperatuurschommelingen. Tenslotte zal de betrekkelijk hoger liggende graad der elasticiteit worden genoemd, dan die bij de gewone diepgetrokken plaatijzeren carrosserie: De duroplast-carrosseriebouwstof deukt niet, er bestaan geen blijvende vervormingen; bij overbelastingen scheurt het materiaal plaatselijk, de vervorming wordt dus niet op de gehele carrosserie overgebracht.

Daarmee bezit deze werkstof werkelijke eigenschappen, die men van een materiaal voor de moderne productie eisen moet.

- Eenvoudig te repareren!

De hoge en veelvoudige belastingen waarvan een automobiel in het huidige straatverkeer is onderworpen, en de voortdurend toenemende verkeersdrukte, brengen vooral de buiten-bekleding van ieder rijtuig in gevaar.

En juist dan bewijst duroplast essentiele voordelen!

Zijn gehele struktuur veroorlooft kleinere, plaatselijk begrensde beschadigingen – vooral scheuren en kleine gaten (Afb. 1) – zelf te verhelpen.

Hierbij zijn slechts enkele handgrepen nodig, teneinde de schade – uiterlijk dan niet meer herkenbaar – te repareren!

1. Het is doelmatig, maar niet onder alle omstandigheden nodig, aan het eind van de scheur met een spiraalboor van plm. 3 mm ∅ een gat te boren, teneinde verder scheuren te voorkomen.

2. De scheur- of gatkanten worden rechts en links met een houtrasp van een ruwe kant voorzien (Afb. 2).

3. Langs de beschadiging wordt dan de bovenlaklaag met een mes, een schrapstaal of dergelijke tot op de duroplaststof verwijderd.

4. Bij scheuren van plm. 20 t/m 30 mm worden aan de binnenkant van het onderdeel, langs de beschadiging, de laklaag en de scheidingsfolie med schuurpapier, een mes of schrapstaal verwijderd (Afb. 3).

5. Van normaal blik van 0,5 t/m 1 mm dikte en ± 30 mm breedte wordt een strook geknipt, die plm. 20 mm langer is dan de scheur. De te plakken kant wordt met schuurpapier of schuurlinnen van schilfer- en roestplekken schoongemaakt. De lengte van zulk een blikken strook zal niet groter zijn dan 200 mm; zijn er grotere scheuren, dan moeten meerdere stroken worden klaargemaakt. Bij gaten wordt een overeenkomstig groot, maar

Die Duroplastkarosserie, auf deren Vorteile Sachsenring nicht müde wurde hinzuweisen, war gegen Rostfraß gefeit – sie ließ sich aber nicht einfach reparieren. Wer keinen neuen Kotflügel ergattern konnte, klebte einfach den Schaden mit Kunstharzkleber. »An dieser Beule zerschellte ein Lkw« gehörte zu den beliebten Aufklebern, die solche Wunden übertünchten.

Trabant 600

Estupendamente espacioso es el TRABANT 600. Cuatro personas adultas tienen suficiente sitio en él. El suelo plano – el TRABANT 600 va provisto de tracción delantera y por lo tanto está desprovisto de cualquier túnel para el árbol de cardán – le permite a cada persona mover los pies a su gusto. Y esto es, por cierto, un punto de suma importancia para viajar sin cansarse.
Los asientos delanteros pueden ponerse individualmente y fijarse en la posición más agradable y conveniente para Ud. mismo y para su compañero. Además, no es menos fácil dar a los respaldos cualquier inclinación que le parezca más agradable. Colores y matices claros del revestimiento interior así como de los tejidos con los que están recubiertos los asientos, que todos están en perfecta armonia unos con otros, le causarán a Ud. la sensación de bienestar.
El sistema de calefacción y el de ventilación que ambos forman parte del equipo normal del coche TRABANT 600, quedan completados ventajosamente por ventanas corredizas y aletas conductoras de aire ajustables en las dos puertas del coche. La carrocería de duroplasto termoaislante e insonorizante impide excesivas diferencias de la temperatura dentro del coche.
El gran espacio para maletas y valijas el que no le va en zaga al de los coches de la clase media, le ofrece a Ud. la posibilidad de colocar con bastante facilidad los bagajes y los accesorios hasta para viajes largos. La rueda de reserva que también queda en el espacio para maletas, Ud. puede sacarla sin que sea necesario descargar antes sus bagajes.

600 cm³ de cilindrada y 23 CV!
Con este mismo principio de dos tiempos y dos cilindros en línea, enfriado por un sistema de aire soplado que no requiere cuidados algunos y está al abrigo de las heladas, – principio éste que ya ha dado excelentes resultados y completa satisfacción en mucho más de 100000 coches TRABANT el nuevo motor TRABANT con su máximo par de rotación de 5.2 mkp con 2700 hasta 2800 vueltas por minuto es un ejemplar e inigualado modelo consiguiente a su indestructible robustez que explica lo poco de cuidados y entretenimiento que requiere.
La notable fuerza – trasmitida por la caja de cuatro velocidades sincronizadas sobre el conjunto rodante – le da al TRABANT 600 una velocidad permanente de 90 km/hora consumiendo normalmente sólo 6.8 litros de combustible por 100 km.
Dicho sea de paso que el TRABANT 600 también puede ser suministrado bajo forma de coche combinado con tercera puerta trasera de abertura muy ancha. Ofreciendo un espacio para cargas de 1.4 m³, con el banco trasero bajado, el TRABANT 600 combinado es un vehículo muy práctico y útil para profesiones y turismo, un coche de empleos múltiples.
No ha de extrañar, pues, que Ud. queda entusmiasmado del TRABANT 600.
Es un coche pequeño de la República Democrática Alemána ¡que persuade con su rendimiento!

Características técnicas
Motor: de gasoline de dos tiempos con válvula giratoria de admisión; dos cilindros dispuestos en línea transversal ala dirección de marcha; cilindrada total: 594 cm³; compresión: 7.6; potencia: 23 CV con 3800 hasta 4000 v/min.; máx. par de rotación: 5.2 mkp con 2700 hasta 2800 v/min.; lubricación con mezcla de combustible y aceite fresco; enfriamiento por aire; carburador BVF de corriente plana 28HB 2–2; depósito dando cabida para 24 litros; de combustible; relación de mezcla combustible: aceite ≈ 33.3:1; encendido por batería; batería 6 voltios, 56 Ah.

Transmisión de la fuerza motriz: embrague monodisco en seco LR 5; caja de velocidades con sincronización en todas las cuatro velocidades; cambio por varilla en la columna de dirección; marcha libre en 4 a; trasmisión de la fuerza motriz sobre el eje delantero.

Conjunto rodante:
bastidor tipo plataforma con armazón de chapa de acero soldada para formar carrocería autosoportante; forro exterior revestido con duroplastol suspensión individual de las ruedas delanteras y traseras en brazos oscilantes y muelles laminados transversales; amortiguadores telescópicos de doble efecto en la delantera y la trasera; dirección por cremallera; diámetro del círculo de dirección 10 metros más o menos; freno de pedal hidráulico accionando sobre las cuatro ruedas; freno de mano mecánico accionando sobre las ruedas traseras; ruedas de disco 4 J × 13; neumáticos 5.20–13.

Notas generales:
Distancia entre ejes: 2020 mm; vía delantera 1211 mm, trasera 1255 mm; espacio libre (despejo) sobre suelo 155 mm; longitud total: limusina 3361 mm, coche combinado 3400 mm; anchura total: 1493; altura total: 1465 mm sin carga. Peso total admisible: limusina 950 kg; coche combinado 1000 kg; peso del coche vacío listo para viajar: limusina 620 kg, coche combinado 660 kg; carga útil: limusina 330 kg, coche combinado 4 personas más 80 kg de bagajes, ó 2 personas más 210 kg de bagajes; máxima velocidad de marcha 100 km/h; velocidad de marcha continua 90 km/h; consumo normal de combustible (según DIN 70030) 6.8 litros por 100 km de mezcla OZ 78 para motores de dos tiempos (lo que corresponde a 6.0 hasta 8.5 litros por 100 km según el modo de conducción).

Considerando que puede ser necesario tener en cuenta progresos técnicos, tenemos que reservarnos el derecho de aplicar modificaciones.

Me intereso por el TRABANT 600
y ruego por lo tanto remitirme
otros prospectos más.
Mi dirección es:

VEB SACHSENRING
Constructores de Automóviles
Zwickau – Rep. Dem. Alemana

Der Kofferraum des Trabant war seit jeher beachtlich: Sein Fassungsvermögen lag bei über 400 Liter. Insgesamt vertrug der Kleinwagen eine Zuladung von 330 Kilogramm.

600 куб. см.
23 к. с.
4-местен

– това са най-съществените данни на лекия автомобил „ТРАБАНТ" 600. – Икономичният му и силен 600 куб. см. двуцилиндров двигател има мощност от 23 к. с. при 3800 до 4000 обор./мин.

Благоприятно лежащият въртящ момент от 5,2 мкп при 2700 до 2800 обор./мин. осигурява на този мъчно износващ се и не изискващ особени грижи по поддържането двутактов двигател големи възможности за ускорение и голяма еластичност. Нечувствителен към продължително натоварване, устойчив чрез въздушно охлаждане, което не изисква поддържане, и към термични обременявания, този двигател, захранващ се чрез

всмукателен дрешибър се справя отлично с всички натоварвания, възникнали вследствие профила на пътя.

Синхронизираният в 4 скорости скоростен механизъм е свързан чрез еднодисков сух съединител с двигателя. Автоматично включващия се фрайлауф при 4. скорост дава възможност за икономично каране при дълги разстояния.

Двигателя, съединителя, скоростният механизъм, карданните оси, колелата и федерацията, оформени като комплектен агрегат, са разположени върху една помощна рама, която посредством няколко движения може лесно да се извади.

Отличните пътни качества на лекия автомобил „ТРАБАНТ" 600 са осъществени чрез единичното окачване на колелата върху раменни лостове, посредством по един прогресивно действащ напречен листов ресор отпред и отзад. Двойнодействащи телескопични амортисьори допълват цялата ходова част.

Die Prospekte über den Trabant waren nicht für seine Hauptkundschaft in der DDR vorgesehen – dort mußte man für den Kleinwagen nicht werben. Aber im Ausland, wo der Trabant regelmäßig gegen Konkurrenz antreten mußte, war Werbung nötig. Hauptargument war neben der Robustheit des Wagens vor allem immer wieder sein Platzangebot: »Innen größer als außen«, lautete die

Trabant 600 Kombi

Véhicule Kombi très économique

voici la caractéristique essentielle du KOMBI TRABANT 600.
Econome à l'achat, à l'entretien, pour les réparations et à l'usage, il accomplit en tout temps, toutes les tâches qu'on peut exiger d'un véhicule automobile.
Un véhicule aux usages multiples!
Quatre sièges confortables pour voyager avec la famille; et à l'arrière, un grand compartiment à bagages; voici une voiture complète pour le transport de personnes! En utilisant ce véhicule comme bi-place, on dispose d'une plus grande superficie de chargement (1,4 m³) facilement accessible par la large porte arrière. Ainsi le KOMBI TRABANT 600, est l'aide la plus précieuse pour les affaires et la profession.

Kombi avec toit ouvrant et sièges couchettes

26 CV SAE, grande vitesse moyenne, stabilité dans les virages, grâce à la traction avant, avec une consommation normale de 6,8 l/100 km, et d'une fidélité absolue, voici quelques valeurs proéminentes du «KOMBI TRABANT 600». Par sa faible consommation, il invite à partir en week-ends, à faire des excursions et de grands voyages. Pour des voyages longs et exigeants, avec des bagages encombrants pour camping et vacances, ce type de TRABANT s'y prête merveilleusement bien. Le grand confort pour quatre personnes, le grand compartiment pour les bagages et l'équipement de camping, la large porte arrière, laquelle permet le chargement et le déchargement sans difficultés de grands objets, et en plus les sièges couchettes aisés, font du KOMBI TRABANT 600, le véhicule idéal pour le tourisme.

Données techniques

Moteur:

deux temps – deux cylindres – fixation opposée au sens de la circulation – alésage 72 mm, course 73 mm – cylindrée totale 594,5 cm³ – compression 7,6 – 26 CV SAE à 3800–4000 t/min. Couple maximum 5,8 Kgm à 2700–2800 t/min.; refroidissement par air avec turbine; mélange essence-huile 33¹/₃ : 1 – Capacité du réservoir à carburant 24 litres – Batterie 6 V/90 Ampères.

Transmission:

embrayage monodisque à sec – boîte à 4 vitesses synchronisées avec roue libre en 4e vitesse, levier de changement de vitesses sous volant – Rapports: 1 – 4,08; 2 – 2,32; 3 – 1,52; 4 – 1,03 – a. r. 3,83 – Traction avant.

Chassis:

Plate-forme autoporteuse renforcée avec longerons fixés à la carrosserie. Fixation indépendante des roues avant et arrière – Ressorts transversaux à action progressive – Amortisseurs à double effet – Direction à crémaillère – Frein hydraulique sur les 4 roues – Frein à main mécanique sur les roues arrière – Pneus 5,20 × 13.

Informations génércles:

Empattement 2020 mm – Voie avant 1211 mm – Voie arrière 1255 mm – Rayon de braquage environ 10 m. – Longueur totale 3400 mm – Largeur 1493 mm – Hauteur totale 1465 mm (non chargé); poids à vide en ordre de marche 660 kg – Charge utile – 4 personnes et 80 kg ou 2 personnes et 210 kg. – Poids total au sol 1000 kg. – Vitesse maximum 100 km/h. – Vitesse moyenne 90 km/h. – Consommation normale d'essence (d'après DIN 70030) 6,8 l/100 km. – Consommation moyenne 6,0 l à 8,5 l/100 km d'après la conduite.

Sous toutes réserves de modification, sans préavis

VEB
SACHSENRING
Automobilwerke
Zwickau
DEUTSCHE DEMOKRATISCHE REPUBLIK

Trabant 600

TRANSPORTMASCHINEN EXPORT-IMPORT
DEUTSCHER INNEN- UND AUSSENHANDEL · BERLIN W8 ...

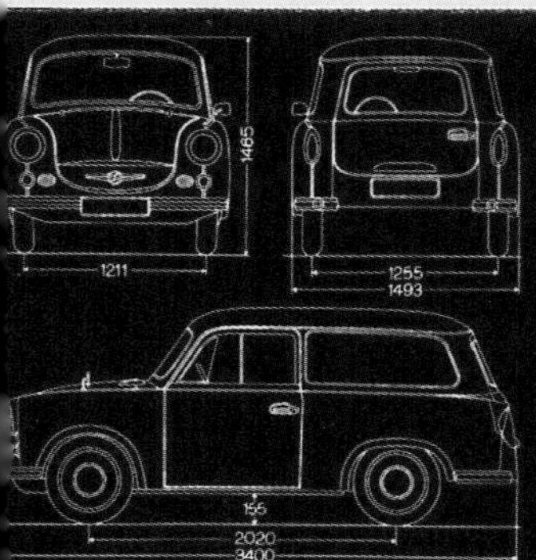

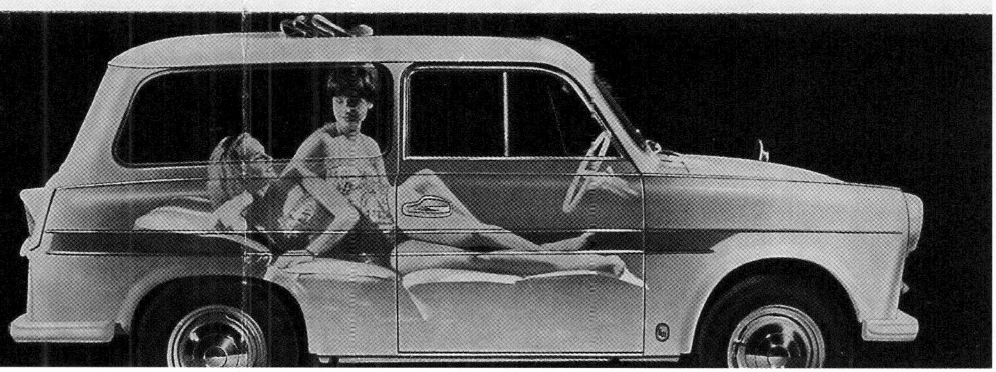

Trabant 601

Mit der neuen Karosserie ist der Trabant kaum wiederzuerkennen, obwohl die gesamte Bodengruppe, das Triebwerk, die Achsen usw. unverändert vom Typ 600 übernommen wurden. Länger wurde der Wagen nur um das Ausmaß der Stoßstangen. Trotzdem ist jetzt im Innenraum wesentlich mehr Platz als im Trabant 600. Gegenüber der alten Karosserie wurde die Heckscheibe weiter nach hinten verlegt. Außerdem verläuft das Dach bis zur hinteren Scheibenkante flach, so daß dadurch für die Fondpassagiere mehr Kopffreiheit vorhanden ist. Die hintere Sitzbank wurde ebenfalls ein wenig nach hinten verlegt, um die Kniefreiheit für die hinten Sitzenden etwas zu vergrößern. Der Kofferraum ist dadurch nicht kleiner geworden, denn die trapezförmige Gestaltung des Hecks nutzt den Raum über der vorhandenen Grundfläche maximal aus. Mit dem Platzangebot im Innenraum liegt der Trabant 601 im internationalen Maßstab an der Spitze der vergleichbaren Fahrzeuge.

Ein weiterer wesentlicher Vorteil der Karosserie sind die mit Kurbelfenstern ausgestatteten Türen. Damit genügt die Belüftung allen Ansprüchen auch bei hochsommerlichen Temperaturen. Bei wenig geöffneten Fenstern sorgen Windleitscheiben im hinteren oberen Teil der Türfenster für eine weitgehend zugfreie Belüftung. Die inneren Türdrücker sind als Zugtasten ausgebildet und können mit den Fensterkurbeln nicht verwechselt werden. Die Türen werden mit Sternschlössern verriegelt, die von außen durch Druckknöpfe betätigt werden. Der Schlüssel des linken Türschlosses schließt gleichzeitig den Druckknopf an der Kofferklappe. Die Motorhaube wird nach wie vor von innen mit einem Zuggriff entriegelt.

Kofferklappe und Motorhaube reichen bei der neuen Karosserie fast über die gesamte Wagenbreite bis an die Zierleisten auf den Radkästen. Im Motorraum sind dadurch die seitlich liegenden Teile wesentlich besser zugänglich. Außerdem kann nach Lösen von zwei Flügelmuttern die gesamte Frontverkleidung mit dem Kühlergrill (aus eloxiertem Aluminium) herausgenommen werden, so daß man auch an den Vergaser besser herankommt. Die vorderen Stoßdämpfer sind jetzt nicht mehr an den unteren Dreieckslenkern angebracht, sondern an der Querblattfeder. Sie liegen dadurch höher, sind besser vor Staub geschützt und halten länger. Die Motorhaube ist innen mit einer Schallschluckmatte ausgestattet, die vor allem Geräusche mit hoher Frequenz mindert. Außerdem ist das neue Kühlluftableitblech, das die Kühlluft hinter den Zylindern nach unten leitet, innen und außen mit Antidröhnspachtel bestrichen. Mit einer Schalldämm-Matte wurde auch der gesamte Wagenboden einschließlich des Kofferraums ausgelegt.

Zur Innenausstattung gehören jetzt serienmäßig zwei Sonnenblenden, Kleiderhaken mit Halteschlaufen an den Türsäulen, zwei Aschenbecher im Fondraum und die vom Wartburg her bekannte Scheibenwaschanlage. Zur Verbesserung der Heizung wurde der Vorschalldämpfer verändert. Außerdem besteht die Möglichkeit, eine motorunabhängige Benzinzusatzheizung in den Kofferraum einzubauen.

Neu gestaltet wurden die Bremsen, sie sind jetzt besser gegen eindringenden Staub geschützt, und die Bremsbacken haben eine selbsttätige Nachstellvorrichtung erhalten. Bei der elektrischen Anlage wurden an Stelle der bisherigen Schraubklemmen Flachsteckverbindungen eingeführt. Sie halten zuverlässiger, auch bei Erschütterungen, und sind leicht zu lösen. Über den Fliehkraftregler zur Zündverstellung berichteten wir bereits im Heft 2/1964. Er erleichtert den Kaltstart wesentlich. Für eine bessere Batterieladung auch auf kurzen Strecken sorgt jetzt ein temperaturkompensierter Regler, der seit einiger Zeit schon im Trabant 600 eingesetzt wurde. e-p

Die über die ganze Wagenbreite bis zu den Zierleisten reichende Kofferklappe des Trabant 601 hat eine verschließbare Drucktaste.

Ausreichende Kopffreiheit für die Fondpassagiere wurde durch die zurückgesetzte Heckscheibe und durch das flache Dach erreicht.

Die äußeren Türgriffe sind mit Drucktasten versehen und haben Sternschlösser. Verschlossen wird wie beim Trabant 600 die linke Tür.

Im April 1964 wurde der neue Trabant 601 zum ersten Mal in der Zeitschrift Der Deutsche Straßenverkehr *vorgestellt. Verändert worden war nur die Karosserie. Bodengruppe, Motor, Achsen etc. stammten von seinem Vorgänger. »Kleider machen Leute«, kommentierte die Zeitschrift dann im Test.*

Die letzte Etappe eines bereits 1959 festgelegten Stufenprogrammes war 1964 der Trabant P 601 mit der Pontonkarosserie. Politisch pünktlich wurde er zum VI. Parteitag der SED präsentiert.

Trabant
601
Moderní
hodnotný
hospodárný
takový je Trabant 601! Nový typ vozidla řady Trabant z VEB SACHSENRING, automobilových závodů ve Zwickau. Vynikající výkon a příslovečná jakost vyznačuje toto vozidlo, stejně jako statisíce dříve vyrobených automobilů Trabant. Je to vozidlo svými vlastnostmi vhodné nejen pro dnešní ale i pro zvýšený zítřejší provoz.
Moderní
Se stylovou jistotou provedená karoserie. Vnější tvary jemné elegance, vnitřní uspořádání odpovídající stále rostoucím požadavkům na jízdní pohodlí.
Hodnotný
Vnitřní prostor dostatečně rozměrný pro čtyři cestující. Rostoucí hustota provozu vyžaduje stále vyšší rychlosti, většího zrychlování a rostoucí jízdní bezpečnost. Vysoké jízdní výkony, pozoruhodná jízdní stabilita a bezpečný provoz jsou důležité vlastnosti Trabantu 601.
Hospodárný
Úspornostv provozu a nízké udržovací náklady jsou výsledkem pokrokové konstrukce Trabantu 601.
Pokroková
tradice
Tradice
Dnešní doba má na tradici vlastní názory. Je to pochopitelné. Žije se v nové době a požaduje se moderní automobil. Takovým je Trabant 601. Také vůz Trabant má svoji tradici a pro velký pokrok je tradice nejlepší technicko vývojovou základnou.
Průkopnická práce
Průkopnické práce a desetileté zkušenosti ve výrobě osobních automobilů stály u kolébky Trabantu 601. Známá jakostní práce německých pracovníků, pokroková technologie a výrobní technika zajišťují trvalou vynikající jakost těchto vozidel.
Zajímavý vývoj
Zajímavé jsou dějiny vývoje cvikovských automobilů až k vozu Trabant 601. Před více než 30ti lety byly zahájeny pokusy s prvním dvoudobým vozidlovým motorem ve Zwickau, v jednom ze středisek německé výroby vozidel. Daleko dříve se objevil na ulicích první cvikovský „motorový vůz".
Od roku 1904
Již od roku 1904 byly ve Zwickau vyráběny vynikající automobily, mezi nimi i vůz na vedlejším vyobrazení. Řidič starého vozidla obdivně zajišťuje se svého vysokého sedadla zřejmé přednosti dnešní moderní konstrukce Trabantu 601.
Trabant 601
III-2450

P 601

In den Prospekten zur Leipziger Messe stellte sich der neue Trabant mit seiner neuen Karosserie fast schon als mondäne Limousine dar. Dabei war es nahezu ausschließlich sein Aussehen und einige Ausstattungsmerkmale, die geändert worden waren. Im Prinzip aber mußte alles so bleiben, wie es war, da die alten Anlagen zur Karosserieherstellung auch weiterhin verwendet wurden. So wurde die Bodengruppe mit den Radeinbauten einschließlich der Stirnwandpartie übernommen, um das Triebwerk und die fahrwerkseitigen Teile beibehalten zu können. Auch die vorderen Kotflügel mit den Einheitsscheinwerfern wurden nicht verändert.

Der Motor des 601 war der gleiche, der schon im 600 seine Arbeit tat: 600 ccm, 23 PS, zu füttern mit einem Gemischverhältnis von 1:33. Einen neuen Motor gab es erst im Jahre 1974. Dafür bekam man auf Wunsch ab Februar 1965 eine als Hycomat bezeichnete automatische Kupplung, die hauptsächlich für Behinderte gedacht war. Damit war der Trabant das einzige Auto in den sozialistischen Staaten, das als serienmäßiges Zubehör eine Automatik im Programm hatte.

Der P 601 bekam bessere Platz- und Sichtverhältnisse verpaßt, einen eingeklebten Himmel, eine verbreiterte Motorhaube mit abnehmbarer Kühlerattrappe, eine neue Türkonstruktion, eine verbesserte Innenausstattung, eine serienmäßig eingebaute Scheibenwaschanlage und einen großen Kofferraum.

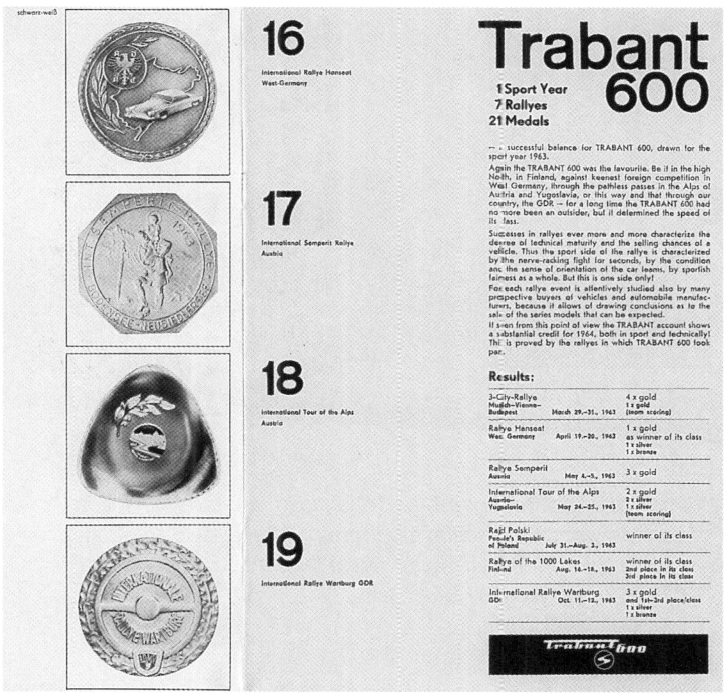

Auch 1963 fuhr der modifizierte P 60 von diversen internationalen Rallyes zahlreiche Preise nach Hause. Allein bei der Semperit-Rallye in Österreich gab es dreimal Gold für den Trabant.

Als erste Erweiterung der 601-Serie kamen die Ausführungen S und S de luxe auf den Markt. S stand für »Sonderwunsch«. Der Kombi, der im 3. Quartal 1965 zum ersten Mal vom Band rollte, hieß fortan »Universal«. Dem chronischen Transportraummangel in der DDR kam schon der normale Trabant 601 mit dem beachtlichen Kofferraumvolumen von 415 Litern sehr entgegen. Zum Vergleich: Ein VW Golf kommt auf 320 Liter.

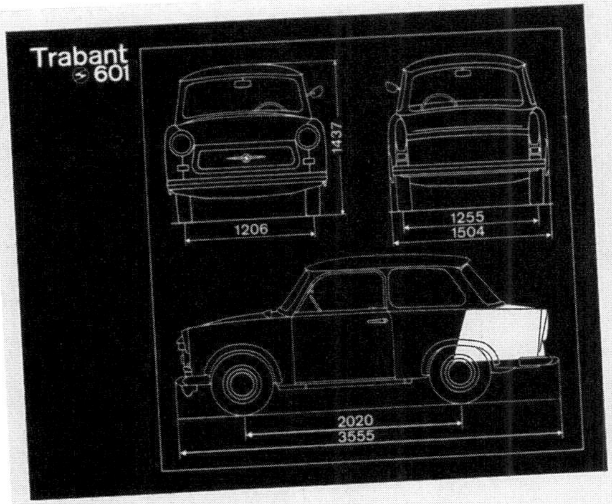

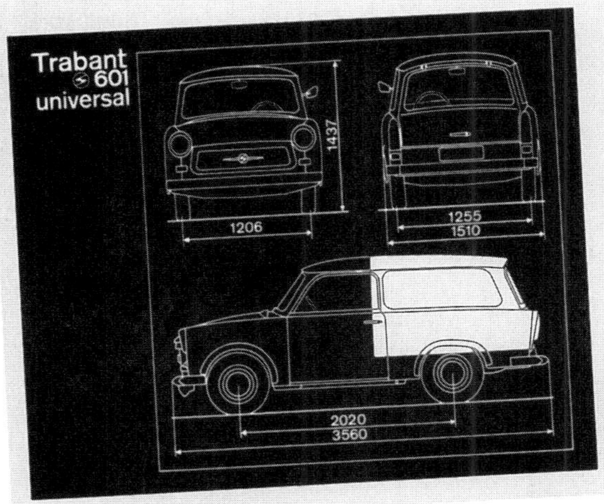

DEWAG DRESDEN
Gestaltung: Hilfer
Regie: Koch
Druck: Graßischer Großbetrieb Völkerfreundschaft III/9/3
K 101/66/DDR

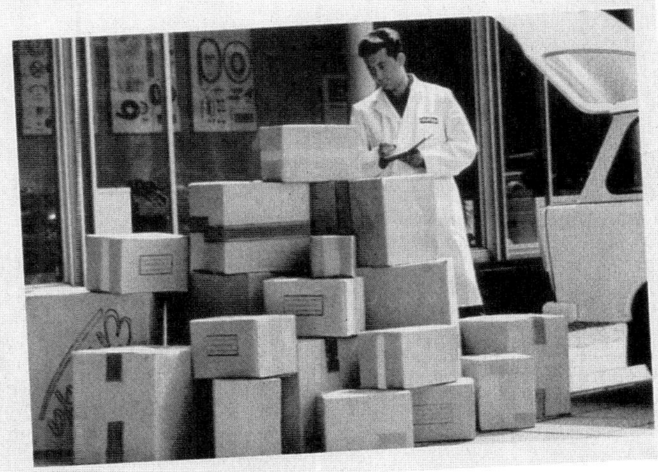

Was den S über den 08/15-Trabant hinaushob, waren eine weichere Polsterung, verbesserte Sitze, ein Lenkradschloß, ein elektromagnetischer Abblendschalter und – als äußeres Merkmal – ein neuer Frontgrill . Der de luxe verfügte darüber hinaus über verchromte Stoßstangen, ein farblich abgesetztes Dach und eine nochmals aufgewertete Innenausstattung.

VEB
SACHSENRING
Automobilwerke
Zwickau

DEUTSCHE DEMOKRATISCHE REPUBLIK

ZWICKAU

Wir produzieren den TRABANT 601 als Limousine und universal in Standard-, Sonderwunsch- und de-Luxe-Ausführung. Auf Wunsch können diese sechs verschiedenen Ausstattungsvarianten auch mit der halbautomatischen Kupplungsbetätigung „Hycomat" ausgerüstet werden.

Weit mehr als 500000 TRABANT, jene zuverlässigen Begleiter im modernen Leben, verließen bisher die automatischen Taktstraßen und Montagebänder unseres volkseigenen Betriebes. Ständig kommen mehr Wagen aus dieser fortschrittlichen Großserienproduktion. Konstruktionsgüte und Fertigungsqualität werden bewiesen durch zahlreiche Rallyeerfolge zwischen Polarkreis und Cote d'Azur. Der TRABANT 601 ist ein bewährter, aktiver und dynamischer Automobiltyp. Er paßt genau in unsere heutige Zeit.

Der „Hycomat" als elektrohydraulische Kupplungsbetätigung reguliert selbsttätig den Kupplungsvorgang – beim Einkuppeln durch einfaches „Gasgeben" und kuppelt aus beim Berühren des Schalthebels zum Gangwechsel – exakt, schnell und ohne irgendeinen Verlust an sportlichem Temperament! Der linke Fuß hat Ruhe. Das ergibt große Bedienungserleichterung und deshalb noch mehr Sicherheit, besonders im dichten Stadtverkehr.

Mit bis zu 170 km/h rasten die Renn-Trabi über die Piste – und das alles mit einem präparierten Motor aus der Serie, der ursprünglich einmal 26 PS hatte und gerade mal für eine Spitzengeschwindigkeit von 108 km/h gut war.

Es waren kleine Verbesserungen, mit denen der Trabant, der mit dem P 601 bis kurz vor der Wende seine endgültige Form gefunden hatte, von Jahr zu Jahr aufwartete. Im September 1967 wurde er mit einer vorderen Duplexbremse ausgestattet, hinten blieb es bei der Simplex-Ausführung. 1968 erreichte der Trabant mit drei weiteren zusätzlichen PS (insgesamt waren es nun 26) die Grenze dessen, was mit dem Zweitakter-Motor wohl möglich war. Die Höchstgeschwindigkeit kletterte auf 105 km/h, der Motor lief insgesamt spritsparender.

Perfekte Technik plus SERVICE

Trabant 601 – das heißt hohe Wirtschaftlichkeit, ausgezeichnete Fahrleistung, sicheres Fahrverhalten, lange Lebensdauer und minimaler Wartungsbedarf.
Trabant 601 – das heißt quergestellter, luftgekühlter Zweitaktmotor mit einer Leistung von 30 SAE-PS, wartungsfreie Luftkühlung und Karosserieteile aus rostfreiem Duroplast. Ein Wagen also, den man sich wünscht, weil er hohen Anforderungen gerecht wird und weil die Summe der Erfahrungen sinnvoll mit neuesten Erkenntnissen verbunden wurde. Zum perfekten Kraftfahrzeug Trabant 601 bietet der VEB Sachsenring Automobilwerke Zwickau jedoch noch mehr: einen ebenso perfekten Kundendienst, der von Garantieleistungen über Reparaturen bis zur Ersatzteilversorgung reicht. Überall, wo Sie mit Ihrem Trabant 601 fahren, finden Sie diesen erstklassigen Service, denn überall in den Exportländern Europas unterhalten wir ein weitverzweigtes Netz von Vertragswerkstätten.

Wenn Sachsenring den Service und die Ersatzteilversorgung des Trabant in seinen Prospekten pries, dann konnten Trabi-Fahrer in der DDR nur verzweifelt leise lachen. Der Kundendienst war schlichtweg miserabel. Und nur die Servicefreundlichkeit des robusten Kleinen sorgte dafür, daß er mehr fuhr als stand.

VEB SACHSENRING AUTOMOBILWERKE ZWICKAU · DDR	Exporteur: Transportmaschinen Export-Import Volkseigener Außenhandelsbetrieb der Deutschen Demokratischen Republik DDR 108 Berlin, Taubenstr. 11–13	Überreicht durch:	Gestaltung: Hiller · Dewag Dresden Regiegruppe Fahrzeugbau Fotos: Czerny, Dresden Druck: Förster & Borries KG, Zwickau III/29/1 Ag 21/2/6/70

Die Rennerfolge des Trabant waren vor allem auch ein Werbeargument. Rennsport war in der DDR beliebt. Zu den Rennen am Sachsenring und am Schleizer Dreieck pilgerten in den achtziger Jahren bis zu 200.000 Menschen. Und noch heute gehen die Trabant regelmäßig auf die Strecke.

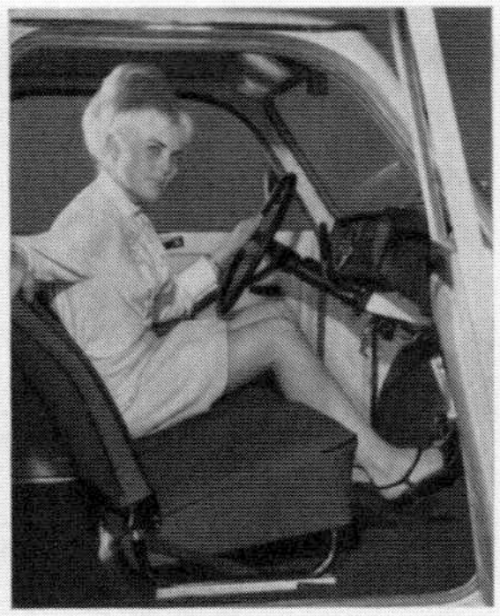

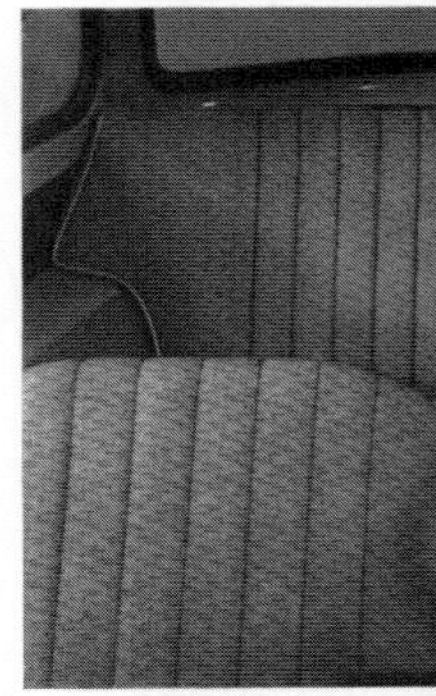
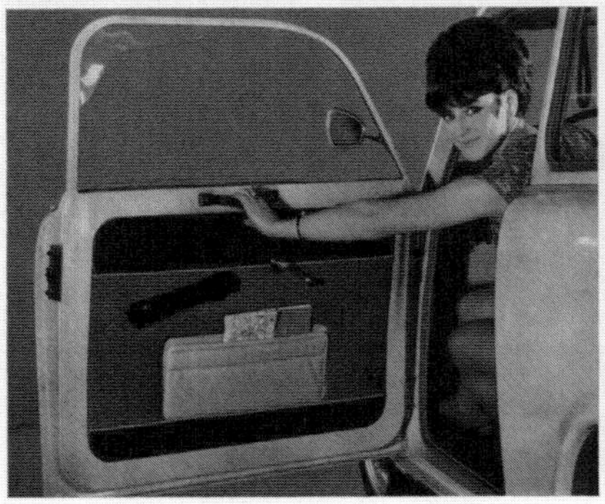

Noch ein Detail, das im Laufe der Jahrzehnte immer wieder verbessert wurde, waren die Sitze. 1971 wurden ihre feste Bodenverriegelung hervorgehoben und die stufenlose Verstellbarkeit der Rückenlehne bis in die Liegeposition.

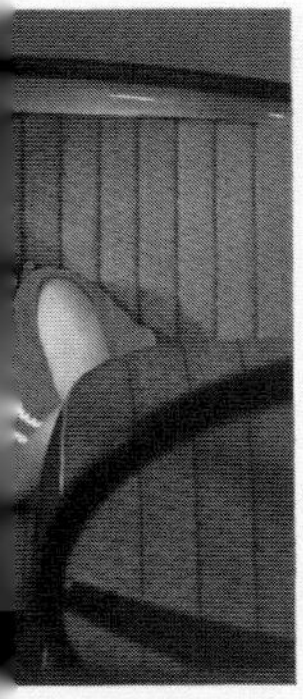

Eine ganze Familie hat Platz

Große Geräumigkeit und hoher Fahrkomfort sind weitere Vorzüge des Trabant 601.
Zwei breite Türen ermöglichen ein leichtes Ein- und Aussteigen. Die Vordersitzlehnen der Standart-Ausführung lassen sich vorklappen, während bei den Typen »S« und »de luxe« die körpergerecht gestalteten Selfasitze komplett nach vorn kippbar sind. Aber, wo auch immer Sie Platz genommen haben, ob vorn auf den elegant geformten Einzelsitzen oder im Wagenfond auf der breiten Sitzbank, überall genießen Sie die Vorteile eines bequemen Fahrens.
Der Trabant 601 bietet mühelos 4 erwachsenen Personen Platz. Kein Fahrgast fühlt sich beengt, aber jeder erfreut sich an gesunder Luft und guter Sicht. Diese Innenraum-Verhältnisse beweisen: Ihr rollender Begleiter aus dem VEB Sachsenring Zwickau ist in seiner Hubraumklasse ein Fahrzeug par excellence. Alles ist am rechten Platz – auch die Familie!

Von Anfang an war der Trabant als Familienauto konzipiert – darauf stellte sich auch die Werbung ein.
»Vier Erwachsenen biete er mühelos Platz, kein Fahrgast fühle sich beengt. Und der Einstieg sei dank breiter Türen und umklappbarer Vordersitze einfach.« Fazit der Werbung: »Alles ist am rechten Platz – auch die Familie.«

Die neuen Sitze

Erhöhte Verkehrssicherheit – noch mehr Fahrkomfort, das bieten Ihnen die neuen Sitze vom Trabant 601.

Der Formsitz hat eine feste Bodenverriegelung, er ist selbstverständlich in Längsrichtung verstellbar.

Die körpergerechte Form des Sitzes sorgt für ein ermüdungsfreies Fahren.

Die Veränderung der Sitzhöhe vergrößert die Kopffreiheit.

Abknöpfbare, pflegeleichte Schutzbezüge auch für Fondsitzbank ersparen eine Anschaffung von Schonbezügen.

Die Neigung der Rückenlehne läßt sich individuell in Stufen durch einen Handhebel regulieren.

Zur Entspannung während der Fahrpause sind die Vordersitz-Rückenlehnen bis zur Ruhelage umklappbar.

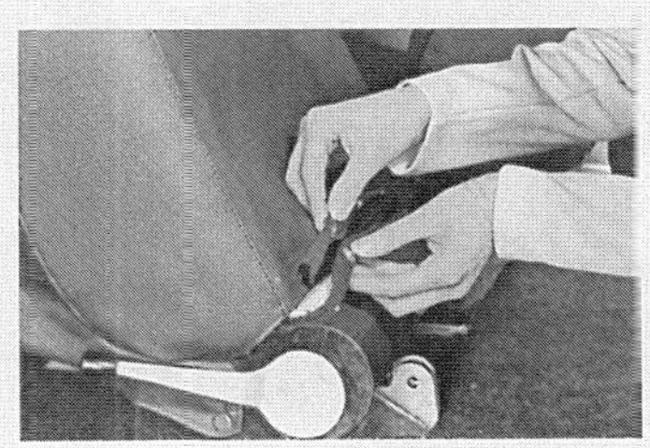

1972

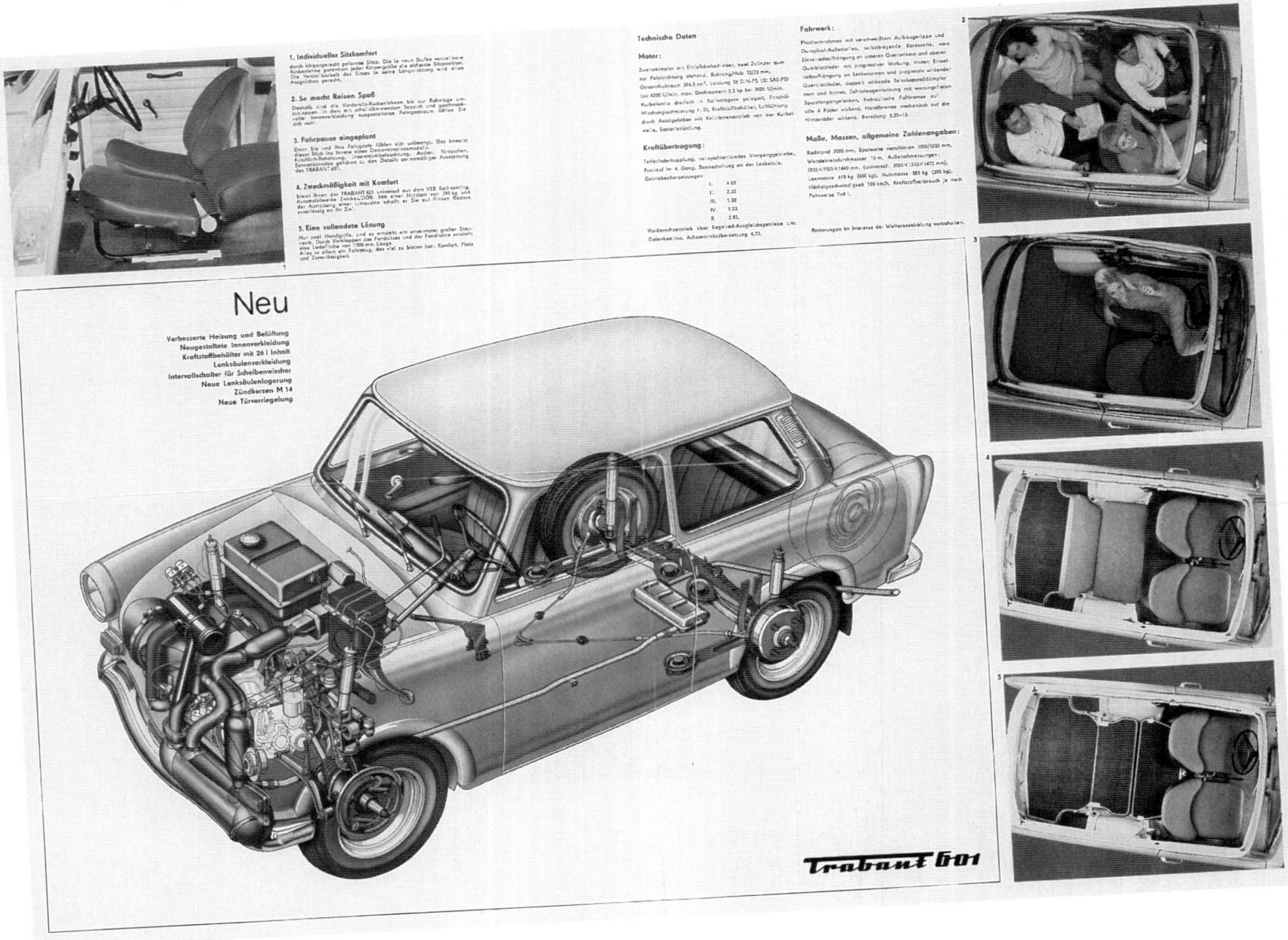

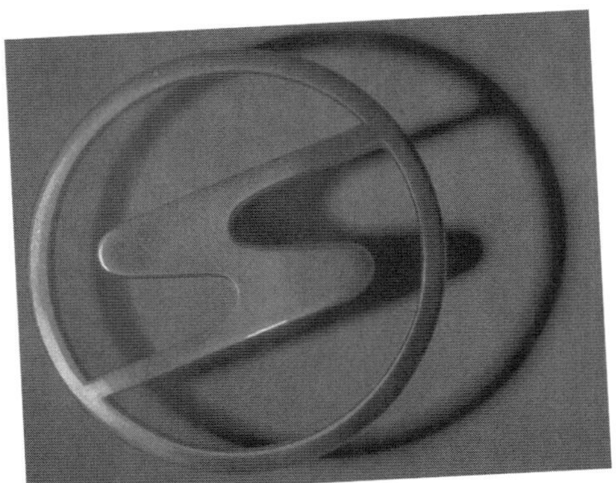

Ein guter Jahrgang für den Trabant. Epochales tat sich zwar nicht, dafür aber gab es zahlreiche Detailverbesserungen. Der Scheibenwischer arbeitete nun mit Vierfach-Intervallschaltung, die Türverriegelungen wurden verbessert und die Lenksäule im Innenraum verkleidet. Von Grund auf erneuert wurden Heizung und Frischluftzufuhr. Außerdem wurde die Zündanlage verbessert, was der Batterie eine längere Lebensdauer bescherte. Und schließlich faßte der Benzintank mit 26 Litern zwei Liter mehr als sein Vorgänger. Das Sachsenring-Logo war zu einem markanten Markenzeichen geworden.

In sechs Hauptpunkten faßte Sachsenring in seinem Prospekt aus dem Jahre 1972 die Vorzüge des Trabant zusammen: Die witterungsbeständige Duroplast-Karosserie gehört ebenso dazu, wie der große Kofferraum oder seine Variabilität.

Vor allem in Rallye-Sport heimste der Trabant auch in den siebziger Jahren noch zahlreiche Preise ein. Grund genug, in Prospekten immer wieder damit zu werben.

Im 25. Jahr ihres Bestehens präsentierte sich die DDR auch auf den Trabant-Prospekten als ein moderner, mobiler und »weltoffener« Staat.

Fleiß und Schöpferkraft

Zwickauer Automobilbauer sind Millionäre

Zur Geburtsstunde des Trabant ahnte noch niemand, daß schon nach wenigen Jahren das millionste Fahrzeug die Montagebänder verlassen würde.
Mit Liebe, Sorgfalt und moderner Technik wird der Trabant in Zwickau gebaut.

Und auch die Zwickauer »Millionäre« sonnten sich in der Jubiläumseuphorie. Ein Jahr zuvor war der millionste Trabant vom Band gelaufen.

Wenn die DDR sich zum 25. Jahrestag ihres Bestehens ausgerechnet den Trabant als Symbol dafür aussuchte, wie modern und großzügig sie ist und wie bemüht, die hohen Ansprüche ihrer Bürger zu befriedigen, dann zeigt dies vor allem eines: den Verlust an Realitätssinn. Zu dieser Zeit war der Trabant schon längst kein modernes Auto mehr, sondern ein rollendes Museumsstück. Da halfen auch die Verbesserungen des Jahres 1974 nicht mehr viel. Am wichtigsten war wohl die Umstellung des Motors auf ein Mischungsverhältnis von 1:50. Grund war eine Modifizierung des Motors (Kurbelwelle mit Nadellager). Eine geänderte Übersetzung sorgte zudem dafür, daß der Wagen jetzt auf 108 km/h Spitze kam. Die hydraulische Fußbremse wirkte auf alle vier, die mechanisch wirkende Feststellbremse auf die beiden hinteren Räder.

Kein Berg ist zu hoch

und kein Ziel ist zu weit.

Nach dem Prinzip Fahren – Tanken – Fahren wird mit dem Trabant 601 jedes gewünschte Reiseziel erreicht. Seine sprichwörtliche Zuverlässigkeit gibt in jeder Situation das Gefühl der absoluten Sicherheit.
Der luftgekühlte Zweitakt-Motor kennt keine Probleme.
Ob extrem hohe oder niedrige Außentemperatur, er hat immer die richtigen Werte.
Das Kraftstoff-Öl-Mischungsverhältnis von 50:1 zeichnet ihn als ein umweltfreundliches Fahrzeug aus.

Ein großflächiger Außenspiegel verkürzt den toten Winkel und gewährt in Verbindung mit einem blendfreien Innenspiegel eine weite Sicht nach hinten.

Trabant 601 universal - eine Mehrzweckvariante für hohe Ansprüche

Der Trabant 601 universal hat alle Vorteile der Limousine. Er hat die gleiche Grundkonzeption und damit die gleiche Wendigkeit, die gleiche Bequemlichkeit und die gleiche Zuverlässigkeit.

Trotzdem bietet er noch mehr.
Mit seiner breiten, nach oben öffnenden Hecktür läßt er sich selbst bei großem Gepäck gut be- und entladen.
Mit nur wenigen Handgriffen vergrößert sich durch Umklappen der Fondsitzbank der Stauraum von 450 auf 1 400 Liter.

Mit den Vorzügen eines Lieferwagens verbindet sich beim Trabant 601 universal das Angenehme mit dem Nützlichen. Eine Lösung, die alle Erwartungen übertrifft.

Neue Farben waren die einzige Verbesserung, die der 601 in diesem Jahr erfuhr. Alles andere, was die Werbung im Prospekt hervorhebt, gab es auch schon vorher.

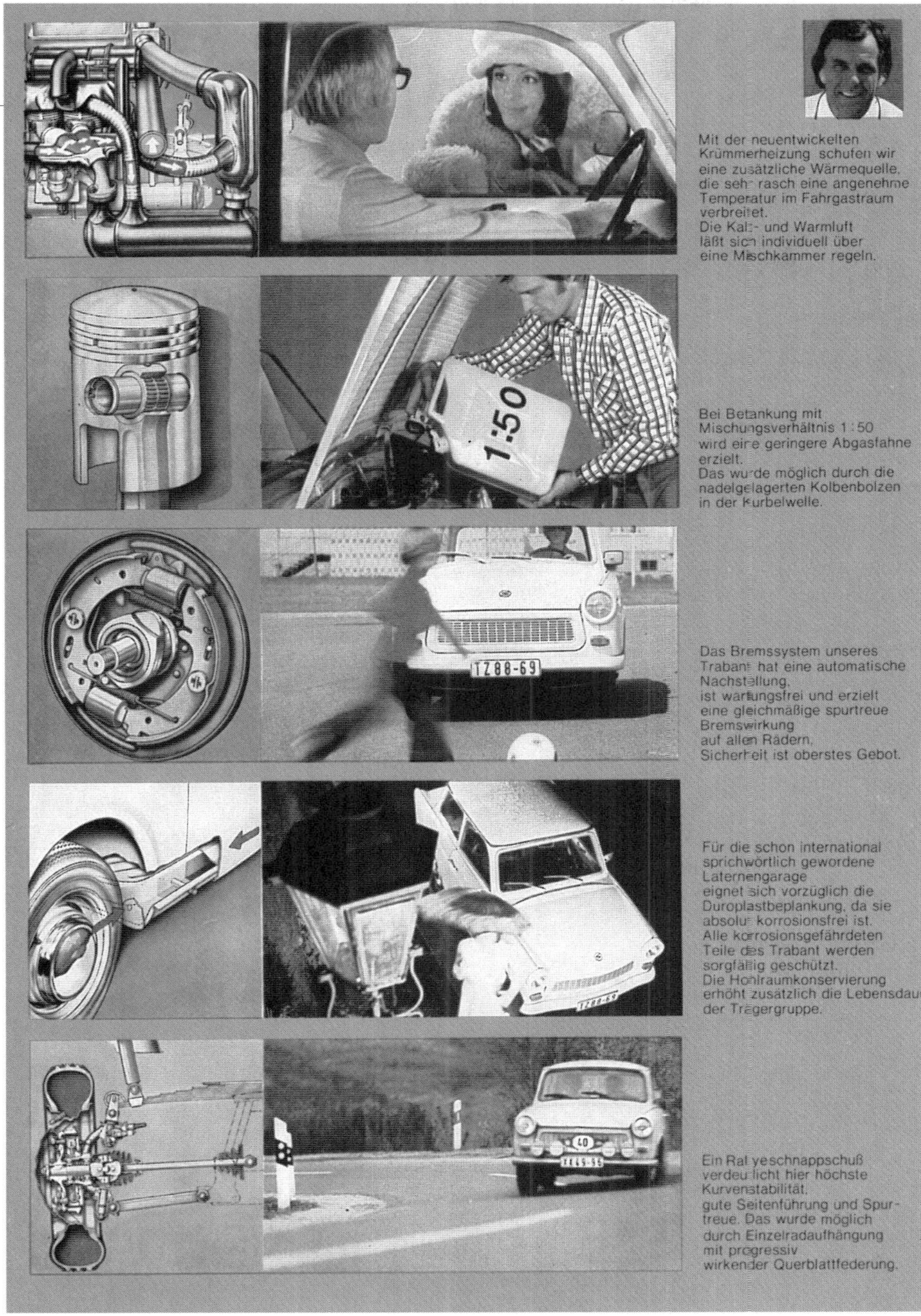

Dazu gehört die neuentwickelte Krümmerheizung. Von jeher war es ein Problem des Trabant-Motors, daß er nicht genügend Wärme abgab, um im Winter auch den Innenraum des Wagens halbwegs zu beheizen.

TRABANT 601

Vyžadujete-li spolehlivost a bezpečnost – tak si pořiďte Trabant 601.
Harmonicky vyvážený poměr tělesa vozu a skleněných ploch Vám poskytují optimální panoramatický rozhled.
Jednoduché přehledné ovládání zaručuje plné soustředění se na silniční provoz. Robustní konstrukce spojená s moderními výrobními postupy, vysoká spolehlivost, bezpečnostní systém Trabant, jakož i účelná a promyšlená úprava vnitřního prostoru jsou vzájemně exaktně sladěny a tvoří nerozlučitelný celek.

TRABANT 601 universal

Možná, že pomýšlíte na rodinný vůz, který by byl současně Vaším služebním vozem?

Pak si blíže prohlédněte Trabant 601 univerzál. Trabant 601 univerzál je komfortní osobní vůz a reprezentativní služební vůz. Pouze dva úkony rukou a vznikne překvapivě velký prostor na zavazadla. Trabant 601 univerzál – pravý víceúčelový vůz pro volný čas, sport a zaměstnání.

Der Trabant war schon immer auch für den Export gedacht – allerdings fand er ab Mitte der sechziger Jahre fast nur noch in den anderen sozialistischen Ländern Käufer, vor allem in Polen, Ungarn und der Tschechoslowakei.

IFA mobile·DDR

Trabant 601

VEB
SACHSENRING
Automobilwerke
Zwickau·DDR

Betrieb des VEB IFA-KOMBINAT
Personenkraftwagen Karl-Marx-Stadt

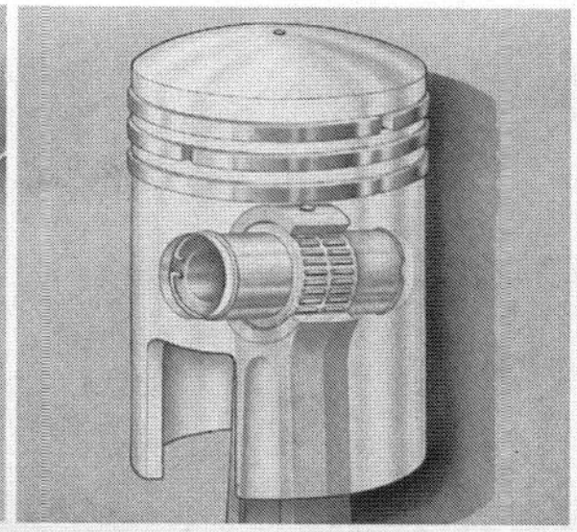

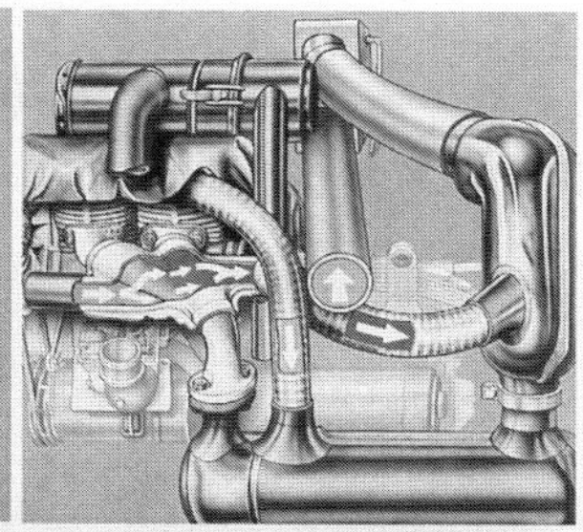

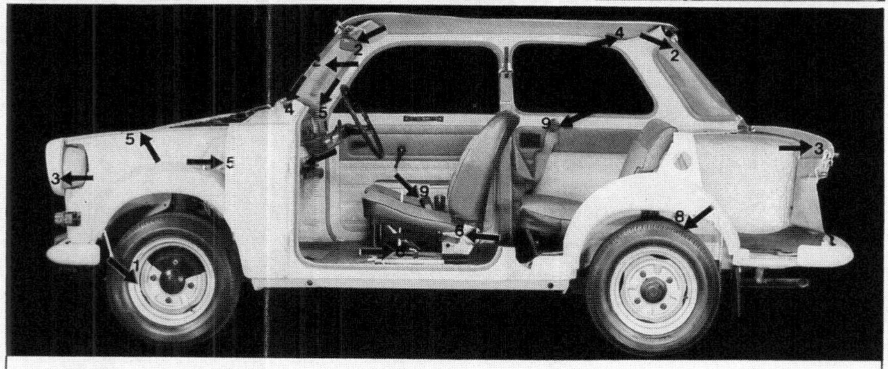

Technische Daten

Der bewährte Zweizylinder-Zweitaktmotor mit Einlaßdrehschieber und einem Gesamthubraum von 594,5 cm^3 leistet bei 70 U/s (4200 U/min) 19,1 kW (26 DIN-PS).

Das maximale Drehmoment beträgt bei 50 U/s (3000 U/min) 53,95 Nm (5,5 kpm).

Das Mischungsverhältnis der Frischöl-Mischungsschmierung beträgt 1 : 50.

Die Kühlung des Motors erfolgt über ein Kühlluftgebläse, das mit Keilriemen von der Kurbelwelle angetrieben wird.

Über eine Tellerfederkupplung erfolgt die Kraftübertragung auf das vollsynchronisierte Vierganggetriebe. Freilauf im 4. Gang.

Die Stockschaltung an der Lenksäule sorgt für eine einfache Bedienung.

Getriebeübersetzung:

I.	II.	III.	IV.	R.
4.08	2.32	1.52	1.103	3.83

Der Frontantrieb über Kegelrad-Ausgleichgetriebe und Gelenkwellen verleiht dem Trabant 601 eine ausgezeichnete Fahrstabilität.

Die selbsttragende Karosserie hat ein verschweißtes Aufbaugerippe mit Plattformrahmen und Duroplast-Außenteilen.

Der Trabant 601 hat vorn Einzelradaufhängung an Querlenkern und Querblattfeder, hinten Einzelradaufhängung an Lenkerarmen und progressiv wirkender Querblattfeder.

Für eine ruhige Straßenlage sorgen doppelt wirkende Teleskopstoßdämpfer vorn und hinten. Die Lenkkräfte werden von einer Zahnstangenlenkung und wartungsfreien Spurstangen übertragen. Die hydraulische Fußbremse wirkt auf alle vier Räder.

Eine mechanisch wirkende Handbremse wirkt auf die Hinterräder.

Bereifung: 5,20 bzw. 145 SR 13
Radstand: 2020 mm
Spurweite
vorn/hinten: 1206/1255 mm
Wendekreisdurchmesser: 10 m
Außenabmessungen: 3555 × 1505 × 1440 mm
(universal 3560 × 1510 × 1470 mm)
Leermasse: 615 kg (650 kg)
Nutzmasse: 385 kg (390 kg)
Höchstgeschwindigkeit: 100 km/h (28 m/s)
Kraftstoffverbrauch je nach Fahrweise 7–9 l
Kraftstoffbehälter: 26 l

Änderungen im Interesse der Weiterentwicklung vorbehalten.

1. Frontantrieb
- Absolute Spurtreue und hohe Kurvenstabilität bei allen Fahrbahnverhältnissen

2. Sichtverhältnisse
- Ausgezeichnete Rundumsicht durch Einsatz von 181,4 dm^2 verglaster Fläche
- Gute Sicht nach hinten durch 190 cm^2 Spiegelfläche
- Großes Wischerfeld der Scheibenwischer

3. Beleuchtungs- und optische Signaleinrichtungen
- Weitreichende Fahrbahnausleuchtung durch optimale Scheinwerferanordnung und -dimensionierung
- Konstruktive Auslegung entspricht den internationalen Sicherheitsempfehlungen

4. Heizung und Belüftung
- Bei kürzester Ansprechzeit intensive Innenraumbeheizung
- Erhöhter Heizzuluftdurchsatz
- Individuelle, regelbare, zugfreie Belüftung

5. Insassensicherheit
- Hohe Stabilität der Fahrgastzelle
- Hoher Verformungswiderstand durch Gemischbauweise
- Deformierbare und gepolsterte Teile des Innenraumes

6. Sitzgestaltung
- Verankerung und Festigkeit entsprechen den internationalen Sicherheitsempfehlungen
- Körpergerechte Gestaltung und Lehnenverstellung ermöglichen ermüdungsfreie Fahren

7. Lenkung
- Direktes Ansprechen durch Zahnstangenlenkung
- Anordnung in verformungsarmer sicherer Zone

8. Einzelradaufhängung
- Ständiger direkter Kontakt mit der Fahrbahn
- Sichere Straßenlage auch bei schlechtester Fahrbahn

9. Sicherheitsgurt
- 3-Punkt-Gurt mit Einhandbedienung
- Gurte und Befestigungspunkte erfüllen die Forderungen aus internationalen Empfehlungen

Geht man nach den Werbetexten, ist der Trabant eines der sichersten Autos der Welt – mit »absoluter Spurtreue«, »hoher Kurvenstabilität«, »ausgezeichneter Rundumsicht«, »hoher Stabilität der Fahrgastzelle«, »Knautschzonen und 3-Punkt-Gurt mit Einhandbedienung«.

Wenn sich schon am Auto selbst nichts tut, muß man wenigstens am Prospekt kreativ sein – Faltblatt mit Trabant in klappbarer Front- und Rückansicht.

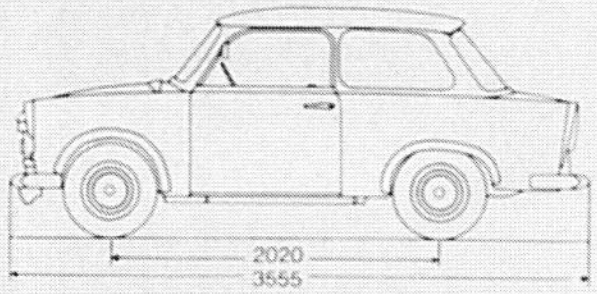

Trabant 601

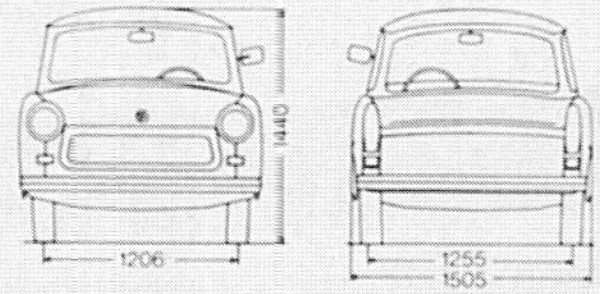

Die gesamte Innenraumausstattung ist geschmackvoll und pflegeleicht. Alle Bedienungselemente liegen im Griffbereich.

Korrosion – ein Problem für jedes Fahrzeug. Durch serienmäßige Hohlraum- und Unterbodenschutzbehandlung wird diesem Punkt besondere Bedeutung zuerkannt.

Der IFA-Trabant 601 ist der Grundtyp für alle weiteren Ausstattungsvarianten. Er enthält die zweckmäßige und bewährte Standardausrüstung.

Auf Wunsch ist der IFA-Trabant 601 mit der automatischen Kupplungsbetätigung „Hycomat" lieferbar.

Technische Daten

Der bewährte Zweizylinder-Zweitaktmotor mit Einlaßdrehschieber und einem Gesamthubraum von 594,5 cm³ leistet bei 70 U/s (4200 U/min) 19,1 kW (26 DIN-PS).
Das maximale Drehmoment beträgt bei 50 U/s (3000 U/min) 53,95 Nm (5,5 kpm).
Das Mischungsverhältnis der Frischöl-Mischungsschmierung beträgt 1:50.
Die Kühlung des Motors erfolgt über ein Kühlluftgebläse, das mit Keilriemen von der Kurbelwelle angetrieben wird.
Über eine Tellerfederkupplung erfolgt die Kraftübertragung auf das vollsynchronisierte Vierganggetriebe. Freilauf im 4. Gang.
Die Stockschaltung an der Lenksäule sorgt für eine einfache Bedienung.
Getriebeübersetzung:

I.	II.	III.	IV.	R.
4.08	2.32	1.52	1.103	3.83

Der Frontantrieb über Kegelrad-Ausgleichgetriebe und Gelenkwellen verleiht dem Trabant 601 eine ausgezeichnete Fahrstabilität.
Die selbsttragende Karosserie hat ein verschweißtes Aufbaugerippe mit Plattformrahmen und Duroplast-Außenteilen.
Der Trabant 601 hat vorn Einzelradaufhängung an Querlenkern und Querblattfeder, hinten Einzelradaufhängung an Lenkerarmen und progressiv wirkender Querblattfeder.
Für eine ruhige Straßenlage sorgen doppelt wirkende Teleskopstoßdämpfer vorn und hinten. Die Lenkkräfte werden von einer Zahnstangenlenkung und wartungsfreien Spurstangen übertragen. Die hydraulische Fußbremse (Zweikreisbremsanlage) wirkt auf alle vier Räder.
Eine mechanisch wirkende Handbremse wirkt auf die Hinterräder.
Bereifung: 5,20 bzw. 145 SR 13
Radstand: 2020 mm
Spurweite
vorn/hinten: 1206/1255 mm
Wendekreisdurchmesser: 10 m
Außenabmessungen:
3555×1505×1440 mm
Leermasse: 615 kg
Nutzmasse: 385 kg
Höchstgeschwindigkeit: 100 km/h (28 m/s)
Kraftstoffverbrauch je nach
Fahrweise: 7–9 l
Kraftstoffbehälter: 26 l

Änderungen im Interesse der Weiterentwicklung vorbehalten.

Die Sitzgestaltung bietet eine wesentliche Voraussetzung für die Freude am Fahren und damit zugleich für die Sicherheit.

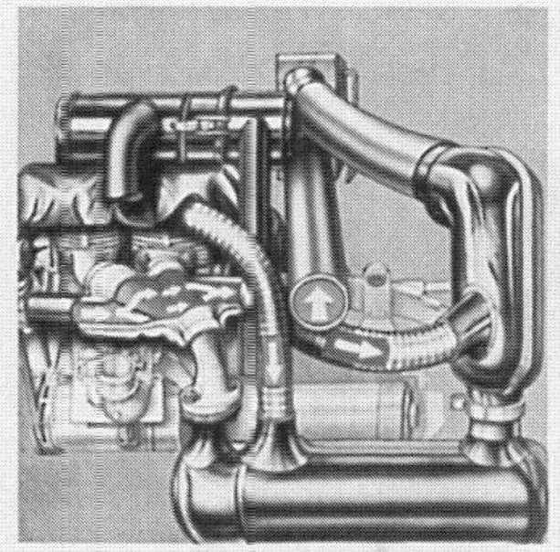

Die Heizung im IFA-Trabant 601 – wirkungsvoll und stufenlos individuell regelbar. Mit dem serienmäßigen Einbau einer Krümmerheizung wurde eine zusätzliche Wärmequelle geschaffen.

DEWAG DRESDEN
Gestaltung: Reichel
Regie: Zechmeister
Fotos: Czerny, Dresden
Schnittmodelle: F. Hampel
III-6-15 186-79 Ag 21-09-79

VEB
SACHSENRING
Automobilwerke
Zwickau · DDR

Betrieb des VEB IFA-KOMBINAT
Personenkraftwagen Karl-Marx-Stadt

IFA mobile · DDR

Trabant 601

Exporteur:

Transportmaschinen Export-Import
Volkseigener Außenhandelsbetrieb
der Deutschen Demokratischen Republik
DDR - 108 Berlin

In dem Folder verbirgt sich dann aber wieder eine eher profane Beschreibung technischer Altertümer.

Für das neue Jahrzehnt, so kündigte dieser Prospekt bereits im Jahre 1979 an, bekam der Trabant eine Zweikreis-Bremsanlage mit auf den Weg und neue Stoßstangen. Sie sind nun mit Gummiecken abgesetzt oder bei den de luxe-Modellen auch im Mittelteil verchromt.

IFA Trabant 601

neu

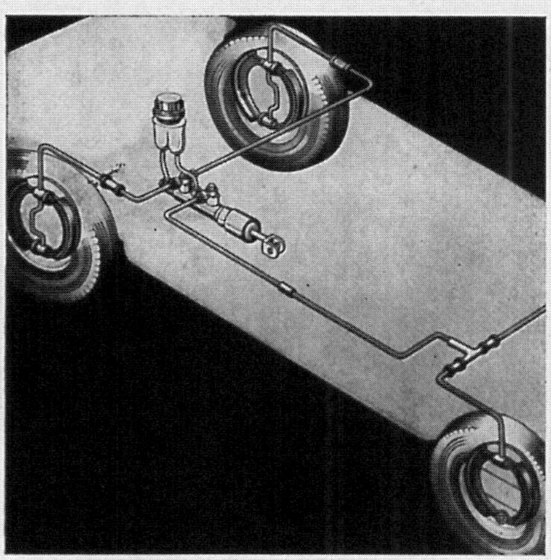

- **IFA-Trabant mit Zweikreisbremssystem**
  Bremssicherheit ist Fahrsicherheit. Das serienmäßig eingebaute Zweikreisbremssystem bietet noch mehr Sicherheit. Bei Ausfall eines Bremskreises werden immer noch zwei Räder gebremst.

- **IFA-Trabant mit neuen Stoßstangen**
  Formschönheit und Zweckmäßigkeit kennzeichnen die Neugestaltung der Stoßstangen. Durch teilweise Verwendung von Plastmaterial wird der Pflegeaufwand verringert. Die Stoßstangenmittelteile bei den Varianten „Standard" und „Sonderwunsch" werden lackiert und bei den Modellen „de luxe" und „S de luxe" verchromt ausgeliefert.

- **IFA-Trabant mit neuem Farbprogramm**
  Das Farbprogramm für 1980 beinhaltet die Grundfarben baligelb, kristallbau, delphingrau und pastellweiß. Durch Kombination mit anderen Dachfarben bei den Ausstattungsvarianten „de luxe" und „S de luxe" wird das Farbprogramm erweitert.

2452 III/29/5 779 20 000 K 874/79

Wenn die Trabant auf den Weg zum Kunden gingen, hieß das noch lange nicht, daß sie auch schon fertig waren. Denn die Hohlraumversiegelung übernahm die heimische Werkstatt. Doch den dafür nötigen Aus- und Einbau der nahezu gesamten Einrichtung bis hin zu Teppichböden und zur Innenverkleidung war Sache des frischgebackenen Besitzers, der die Hohlraumkonservierung obendrein auch noch zahlen mußte.

Neues Foto – beinahe altes Auto. Der S de luxe hatte eine Nebelschlußleuchte und einen Rückfahrscheinwerfer erhalten, außerdem eine elektrische Scheibenwaschanlage und eine Zweiklangfanfare.

1980

Bei aller Knappheit der Mittel: Der Trabant war zuletzt nicht nur das Werk fleißiger Hände. Auch in Zwickau setzte man schon früh Fertigungsroboter ein. Ende 1985 standen im Werk 609 Industrieroboter, darunter auch komplexere Anlagen, wie die Gerippeschweißstraße im Karosserierohbau, die 450 Schweißpunkte setzte.

Vor allem der Universal mit seinen bis zu 1400 Liter Laderaum hatte im Export gute Chancen.

Und immer noch warben die Zwickauer Trabi-Bauer in den »sozialistischen Bruderländern« auch mit den Rallye-Erfolgen für ihr Produkt.

Zunächst nur für den Dienstgebrauch bestimmt war der Trabant Kübel. Er wurde ab 1967 bei der Volksarmee – dort insbesondere bei den Grenztruppen – gefahren, was ihm den Spitznamen »Grenzflitzer« eintrug. Außerdem wurde er in der Forst- und Landwirtschaftsverwaltung genutzt. Die modifizierte Variante Trabant Tramp sollte den Export beleben – hatte dabei freilich nur geringen Erfolg.

„tramp" – használhatja szabad idejében, sportoláshoz vagy hivatásához egyaránt.
A „tramp" a Trabant 601 alaptípus milliószor bevált változatának megfelelően van kivitelezve, és a legfontosabb építési csoportok, mint a motor, hajtómű, kormánymű, futómű paraméterei teljsen megegyeznek az alaptípus paramétereivel.
Ez a lenyűgöző, kompakt felépítésű modell négy személynek és rengeteg csomagnak nyújt helyet.
A kedvezőtlen időjárási viszonyoknál alkalmazható borító a rágombolható oldalrészekkel megfelelő védelmet biztosít az időjárás viszontagságai ellen.

1 A Trabant 601 Kübel – speciális gépjármű, melyet a közúton éppúgy használhat mint, nehezen járható terepen.
2 Trabant 601 tramp 3 Trabant 601 Kübel

Den Tramp, den es auch mit verschiedenen Lenkrädern gab, kennzeichneten tiefe Karosserieeinschnitte statt der Türen, die – wie bei der militärischen Kübel-Version – von einer Kette ersetzt wurden, dünne Rohre anstelle der Stoßfänger und ein steil abfallendes Heck, an dem Rundleuchten und ein Reserverad prangten. Vor dem Regen schützte ein einfaches Faltverdeck mehr schlecht als recht.

Für kurze Zeit wurde der Tramp als Freizeitauto gebaut, effektvoll lackiert und mit Schmutzfängern und Nebelleuchten versehen – ein »ziviler« Kübel. Mehr nicht.

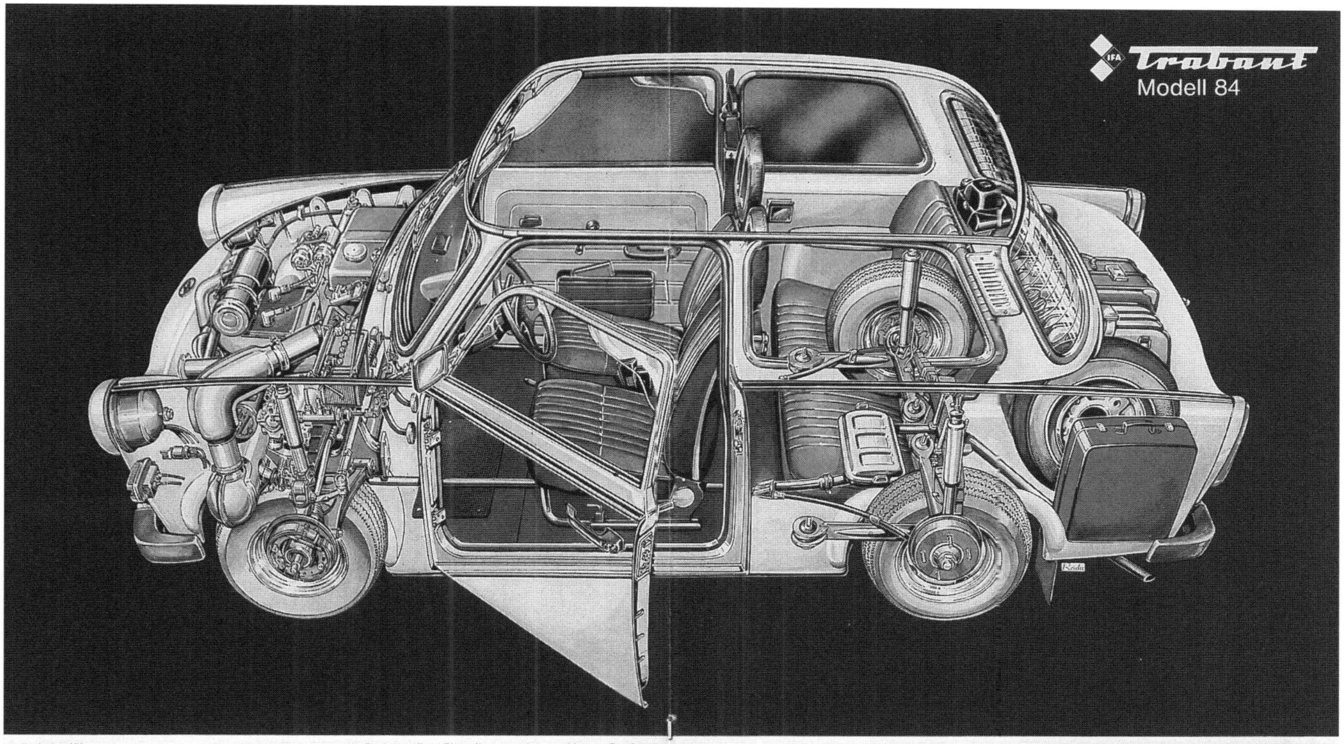

Tækniatriði

Tveggja strokka tvígengisvélin er útbúin innstreymis-skriðli. Hún hefur alls 594,5 cm^3 og afkastar 19,1 kw eða 26 DIN-hestöfl (við 70 snúninga á sekúndu eða 4200 snúninga á mínútu). Hámarkssnúningsátak er 53,95 Nm eða 5,5 kpm (við 50 snúninga á sekúndu eða 3000 snúninga á mínútu). Blönduhlutfall olíu og bensíns er 1:50.

Vélin er kæld af loftkælikerfi sem sveifarásinn drífur með kílreim. Aflflutningur til samhraða fergengisdrifs um plötufjaðrartengsl. Fríhjól í 4. gangi.

Auðvelt er að meðhöndla gangskiptissokkinn við stýrisstroðina.

Snúningshraðahlutfall girkassans:

I. gangur	II. gangur	III. gangur	IV. gangur	R. gangur afturábak
4.08	2.32	1.52	1.103	3.94

Trabant 601 er framhjóladrifinn um keiluhjól-mismunadrif og drifásar og fær þar með ágæta akstursegin-leika.

Yfirbyggingin hefur rafsoðna stálgrind og burðargrind, en harðplastplötur að utanverðu. Hjá Trabant 601 eru framhjólin hengd upp sér á þríhyrningum og þverblaðafjöður, en afturhjólin sér á burðarleggjum og vaxandi virkjandi þverblaðafjöður.

Tvöfalt virkjandi teleskop-höggdeyfar að framan og að aftan gera bílinn ákjósanlegan í akstri. Tannstangarstýring og umsjónarfríir stýrisarmar flytja stýriöflin. Vökvahemlakerfið (sérhömlun fram- og afturáss) virkar á öll fjögur hjólin, en liðahemlar (handhemlun) á afturhjólin.

Ab 1983 wies der Trabant als wichtigste Neuerungen eine auf 12 Volt ausgelegte Elektrik und eine elektromagnetische Zündanlage auf. In gleichem Zuge wurde die bisherige Gleichstromlichtmaschine durch eine Drehstromlichtmaschine ersetzt.

Die neue elektrische Anlage sorgte dafür, daß zusätzliche Energieverbraucher wie etwa eine Heckscheibenheizung überhaupt erst möglich wurden. An der Optik wurde nur wenig verändert. Außen bekam der Trabant verbesserte Felgen, innen hatten die Vordersitze beim S de luxe jetzt Kopfstützen. Die Heckklappe des Universal erhielt zwei Gasfedern zur Abstützung.

Trabant universal – reynið þið hann!
Það er varla hægt að trúa, hve mikið þessi Trabant universal rúmar. Meira en ýmsir stærri bílar.
Með því að opna baklokuna (með fjaðrarþrýsting) og að hvolfa fram baksætunum fáið þið 1400 l rúmtak, og þið getið haldið áfram að ferma.
Þið sjáið, þetta ökutæki sameinir kosti sendibíls og fólksbifreiðar.
Trabant
Trabant universal rúmar 4 manns, og farangursými hans er ekki notað til fulls nema með farangri fyrir lengra orlof allrar fjölskyldu.
Þarf stærra farangursrými, en ekki sæti nema fyrir 2 fullorðna – með örfáum handtökum er hægt að auka hleðslurýmið.
450 l
1400 l
Með því að rota fjaðrarþrýsting í baklokunni er hægt að meðhöndla hana annarri hendi.
Trabant 601 Universal Hycomat fyrir þá sem þurfa á hjólastól að halda.
Tveggja strokka tvígengisvél er þvert komin fyrir frammi í bílnum. Hún er loftkæld og afkastar 19 kW.

1985

Der Trabant hatte dank der 12-Volt-Elektrik nun auch H4 Scheinwerfer und – welch ein Luxus – ein Kippdach.

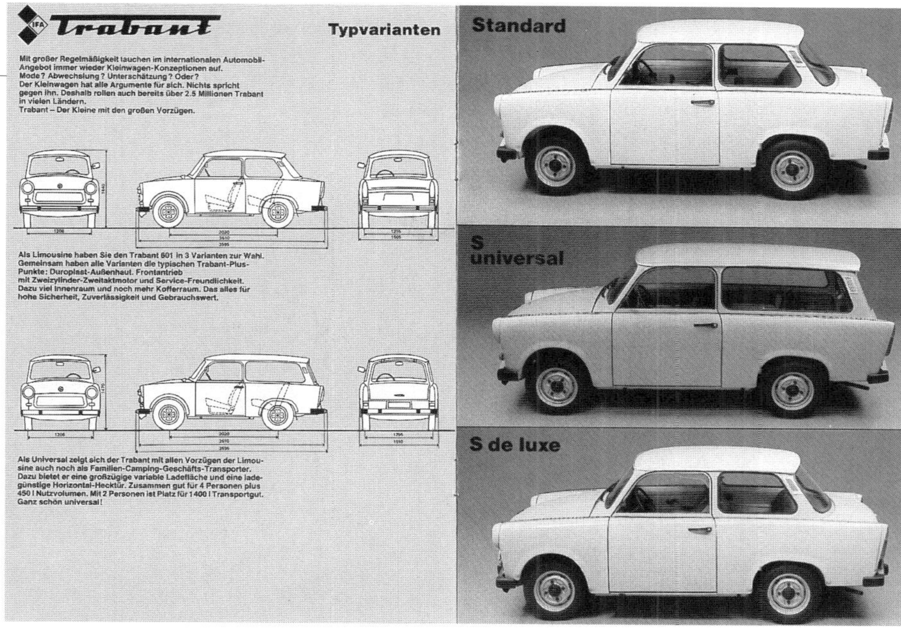
Trabant

Typvarianten

Mit großer Regelmäßigkeit tauchen im internationalen Automobil-Angebot immer wieder Kleinwagen-Konzeptionen auf.
Mode? Abwechslung? Unterschätzung? Oder?
Der Kleinwagen hat alle Argumente für sich. Nichts spricht gegen ihn. Deshalb rollen auch bereits über 2.5 Millionen Trabant in vielen Ländern.
Trabant – Der Kleine mit den großen Vorzügen.

Als Limousine haben Sie den Trabant 601 in 3 Varianten zur Wahl. Gemeinsam haben alle Varianten die typischen Trabant-Plus-Punkte: Duroplast-Außenhaut. Frontantrieb mit Zweizylinder-Zweitaktmotor und Service-Freundlichkeit. Dazu viel Innenraum und noch mehr Kofferraum. Das alles für hohe Sicherheit, Zuverlässigkeit und Gebrauchswert.

Als Universal zeigt sich der Trabant mit allen Vorzügen der Limousine auch noch als Familien-Camping-Geschäfts-Transporter. Dazu bietet er eine großzügige variable Ladefläche und eine ladegünstige Horizontal-Hecktür. Zusammen gut für 4 Personen plus 450 l Nutzvolumen. Mit 2 Personen ist Platz für 1400 l Transportgut. Ganz schön universal!

Standard

S universal

S de luxe

Unbeirrt pries die DDR auch 1985 noch ihren betagten Trabant als Konzept der Zukunft an – denn wenn im internationalen Automobilangebot immer wieder Kleinwagen-Konzeptionen auftauchten, so konnte die des Trabant ja nicht falsch sein. Daß es weniger die äußeren Maße als die antiquierten inneren Werte waren, die den Trabant da nicht mithalten ließen, wurde geflissentlich verdrängt.

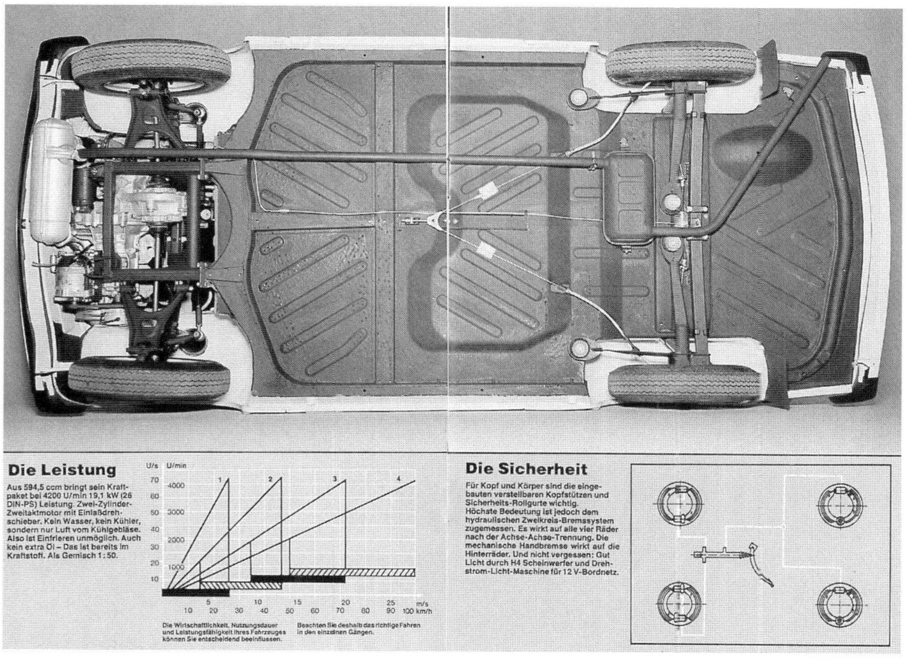
Die Leistung

Aus 594,5 ccm bringt sein Kraftpaket bei 4200 U/min 19,1 kW (26 DIN-PS) Leistung. Zwei-Zylinder-Zweitaktmotor mit Einlaßdrehschieber. Kein Wasser, kein Kühler, sondern nur Luft vom Kühlgebläse. Also ist Einfrieren unmöglich. Auch kein extra Öl – Das ist bereits im Kraftstoff. Als Gemisch 1:50.

Die Wirtschaftlichkeit, Nutzungsdauer und Leistungsfähigkeit Ihres Fahrzeuges können Sie entscheidend beeinflussen.

Beachten Sie deshalb das richtige Fahren in den einzelnen Gängen.

Die Sicherheit

Für Kopf und Körper sind die eingebauten verstellbaren Kopfstützen und Sicherheits-Rollgurte wichtig.
Höchste Bedeutung ist jedoch dem hydraulischen Zweikreis-Bremssystem zugemessen. Es wirkt auf alle vier Räder nach der Achse-Achse-Trennung. Die mechanische Handbremse wirkt auf die Hinterräder. Und nicht vergessen: Gut Licht durch H4 Scheinwerfer und Drehstrom-Licht-Maschine für 12 V-Bordnetz.

Der Trabant einmal von unten. Dieses Foto gibt es übrigens in zwei Versionen: Ein Jahr später zierte es wieder einen Prospekt, dann aber mit sorgsam abgewaschenen Reifen.

Technische Weiterentwicklungen 1985/1986

Glaskippdach aus getöntem Sicherheitsglas – optimale und zugfreie Entlüftung für die Trabant-Typen: Limousine und Universal S de luxe Limousine und Universal S mit Ausstattungspaketen

Verbesserte Sitzlängsverstellung mit leichtgängiger Verstellbarkeit der Sitze

Elektronische Batteriezündanlage, bestehend aus einem elektronischen Geber, welcher kontaktlos arbeitet und einen elektronischen Steuerteil. Vorteile:

- hohe Wartungsfreiheit durch Entfall von Verschleißteilen
- Verbesserung des Start- und Leerlaufverhaltens
- keine verschleißbedingten Verstellungen des Zündzeitpunktes

Kupplung T 160 mit Bandmitnahme und Kupplungsscheibe 160 DBR mit Drehschwingungsdämpfer – Dadurch weiches Einkuppeln beim Anfahren und Gangwechsel – Verringerung des Verschleißes des Nabenprofils –

Reduzierung der Schwingungsbelastung des gesamten Triebwerkes – Höhere Lebensdauer und Reduzierung des Wartungs- und Reparaturaufwandes

ECE gerechtes Zündanlaßlenkschloß mit Arretierung der Lenksäule und Anlaßwiederholsperre

Neuer elektronischer Blinkgeber für Anhängerbetrieb – stabile Blinkfrequenz – erhöhte Lebensdauer

Wartungsfreie äußere Spurstangengelenke – wesentlich erhöhte Lebensdauer

Weiterentwickelter Motor, 2. Stufe mit neuer Abdichtung der Kurbelwelle – Verringerung der Massenkräfte, damit Erhöhung der Grenznutzungsdauer und Verbesserung der Laufkultur

Kurbelwelle mit Kolbenringabdichtung und Standartlagern – Massereduzierter Kolben, dadurch Erhöhung der Grenznutzungsdauer – Verbesserung der Laufkultur des Motors

Neben einigen technischen Detailänderungen hatte man sich bei Sachsenring jetzt auch einiges einfallen lassen, um den Trabant sparsamer zu machen. So wurde eine Verbrauchsmomentanzeige eingebaut, die je nach Fahrweise rot, gelb oder grün aufleuchtete. Und beim Gasgeben mußte jetzt ein Druckpunkt überwunden werden, wenn man verbrauchsgünstige Drehzahlbereiche verlassen wollte. Weitere Verbesserungen: eine neue, verbesserte Kupplung und ein ECE-gerechtes Zündschloß.

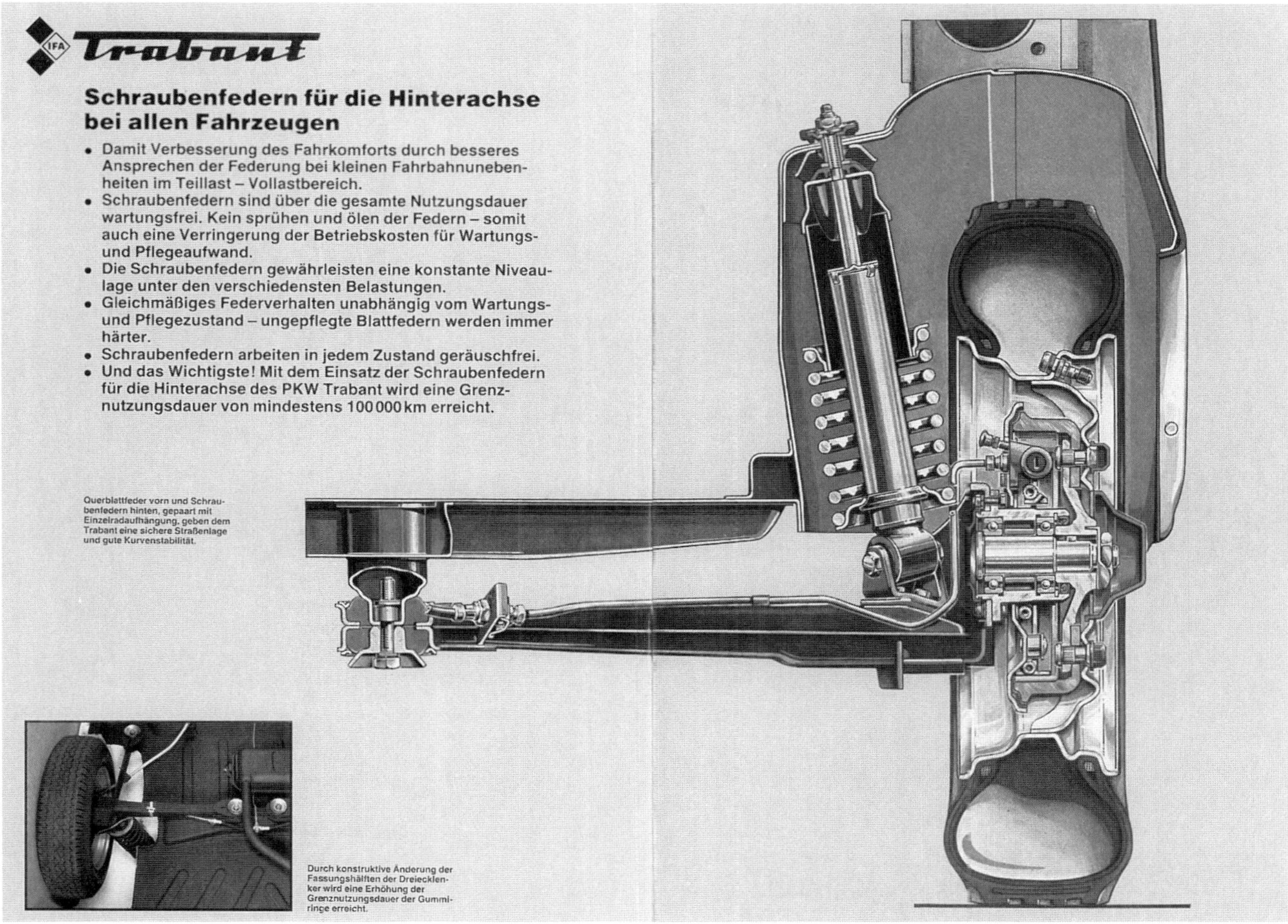

Trabant

Schraubenfedern für die Hinterachse bei allen Fahrzeugen

- Damit Verbesserung des Fahrkomforts durch besseres Ansprechen der Federung bei kleinen Fahrbahnunebenheiten im Teillast – Vollastbereich.
- Schraubenfedern sind über die gesamte Nutzungsdauer wartungsfrei. Kein sprühen und ölen der Federn – somit auch eine Verringerung der Betriebskosten für Wartungs- und Pflegeaufwand.
- Die Schraubenfedern gewährleisten eine konstante Niveaulage unter den verschiedensten Belastungen.
- Gleichmäßiges Federverhalten unabhängig vom Wartungs- und Pflegezustand – ungepflegte Blattfedern werden immer härter.
- Schraubenfedern arbeiten in jedem Zustand geräuschfrei.
- Und das Wichtigste! Mit dem Einsatz der Schraubenfedern für die Hinterachse des PKW Trabant wird eine Grenznutzungsdauer von mindestens 100 000 km erreicht.

Querblattfeder vorn und Schraubenfedern hinten, gepaart mit Einzelradaufhängung, geben dem Trabant eine sichere Straßenlage und gute Kurvenstabilität.

Durch konstruktive Änderung der Fassungshälften der Dreiecklenker wird eine Erhöhung der Grenznutzungsdauer der Gummiringe erreicht.

Neu sind in diesem Jahr vor allem die Schraubenfedern für die Hinterachsen, die den Fahrkomfort verbesserten – ein Segen auf den desolaten Pflasterstraßen der DDR.

Geradezu revolutionär erscheint das Kippdach aus getöntem Sicherheitsglas, das den Trabant jetzt krönte. Außerdem bekam er neue Spurstangengelenke.

Weiterentwicklungen

Elektronische Batteriezündanlage
Ein elektronischer Geber arbeitet kontaktlos, verbunden mit einem elektronischen Steuerteil.

- hohe Wartungsfreiheit durch Entfall von Verschleißteilen
- Besseres Start- und Leerlaufverhalten
- Keine verschleißbedingte Verstellung des Zündzeitpunktes

Schraubenfedern hinten

- völlige Wartungsfreiheit der Schraubenfedern
- Die Federn arbeiten geräuschlos
- Besseres Anspruchverhalten bei Fahrbahnunebenheiten

Spurstangengelenk außen

- In einer gefetteten Miramid-Lagerschale gelagerte Kugelzapfen.
- Eine dauerhafte Vorspannung durch einen Gummikeilzug sorgt für spielfreie Lagerung der Kugelzapfen.
- Hohe Lebensdauer durch modernste technologische Fertigung

Trabant

universal

Die nach oben öffnende Hecktür des Universal offenbart einen Laderaum der sich sehen lassen kann.
4 Personen oder 2 Erwachsene und 3 Kinder und dazu ein Laderaum mit einem Volumen von 450 Litern.
2 Personen und umgeklappter Vordersitz bieten hinter den Vordersitzen einen Laderaum von 1400 Liter Fassungsvermögen. Universal für Geschäft – Reisen und Urlaub.

Weiterentwicklungen des Jahres 1986: Elektronische Batteriezündanlage, Schraubenfedern hinten und die neuen Spurstangengelenke.

Das Vortäuschen von Werbewelten, die mit der Wirklichkeit nicht viel zu tun haben, ist nicht nur eine Spezialität der westlichen Konsumgesellschaft. Denkt man sich auf diesem Sachsenring-Plakat statt der beiden Trabant zwei VW Golf – es könnte glatt aus einem Volkswagen-Werbestudio stammen. Auch kaum zu glauben, aber echt: Wenn man die Werber mal von der Leine ließ, kamen durchaus so kreative und witzige Einfälle zustande wie die übrigen drei Poster auf dieser und der nächsten Doppelseite zeigen.

Jahrzehnte Trabantbau
beweisen es, dieser kleine
Begleiter läßt Sie nicht im Stich.
Störunanfällig, genügsam, einfach
ist er eine Garantie für
Servicefreundlichkeit. Wer diese
Vorteile schätzt, setzt auf
IFA-TRABANT
Selbst bei Regen bleibt er heiter.

Doch trotz der pfiffigen Werbung: Auch hier sind es wieder die altbewährten Eigenschaften des Trabant, um die es geht, nur geschickter verpackt: Robustheit und Korrosionsbeständigkeit — die ewig rostenden Türschweller werden vornehm verschwiegen.

Er läßt fast alles mit sich machen.
Und er macht jede Extratour mit, ohne gleich Ihre Brieftasche zu belasten. Wartungsarm, strapazierfähig, wirtschaftlich ist er eine Alternative zu allem modischen Schnick-Schnack.
IFA-TRABANT
IFA mobile-DDR
TRANSPORTMASCHINEN EXPORT-IMPORT Berlin DDR-1086

Der letzte Versuch, den Trabant überleben zu lassen, war der Typ 1.1. Statt des alten Zweitakters hatte er den Vierzylinder-Viertakt-Ottomotor aus dem VW Polo unter der Motorhaube, die nun aus Metall bestand. 38.865 Stück des 1.1 wurden gebaut, dann kam das endgültige Aus für den Trabant.

Trabant 1.1

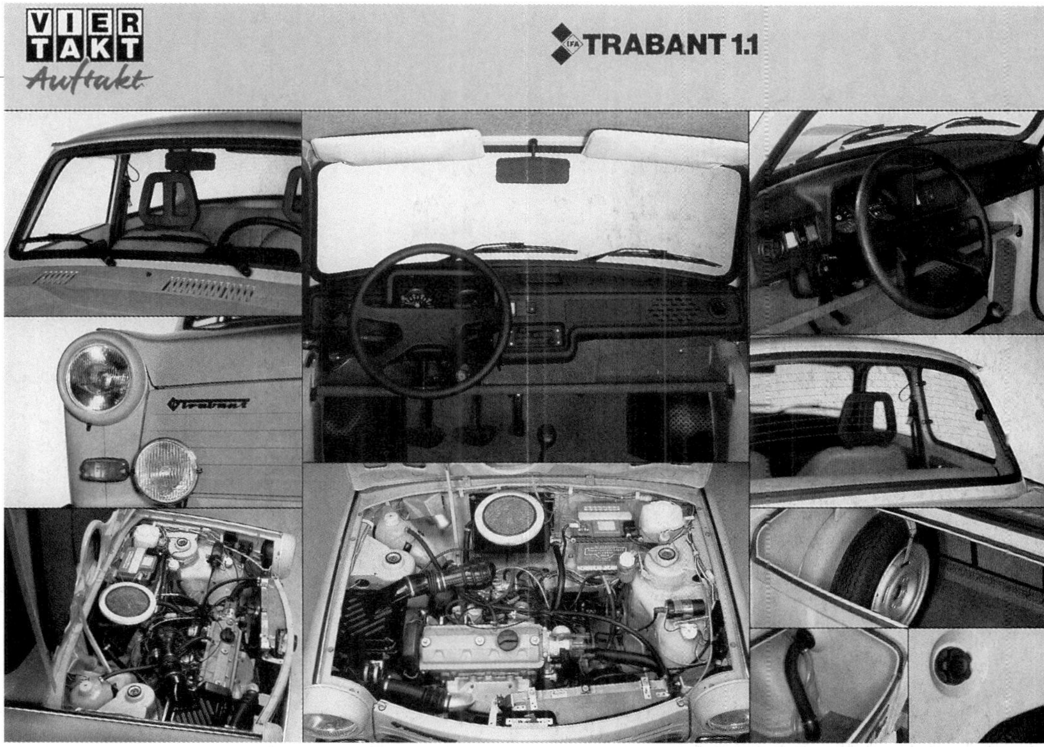

Nicht Fisch, nicht Fleisch: Irgendwie sah der Trabant 1.1 trotz aller Neuerungen zwar aus wie ein Trabant – den eingefleischten Trabi-Freunden gefiel er aber von Anfang an nicht: Für sie galt er als Falschgeld. Und denen, die ein modernes Auto wollten, war der »Neue« aus Zwickau, der viele technische Elemente seiner Vorgänger behalten hatte, nicht neu genug.

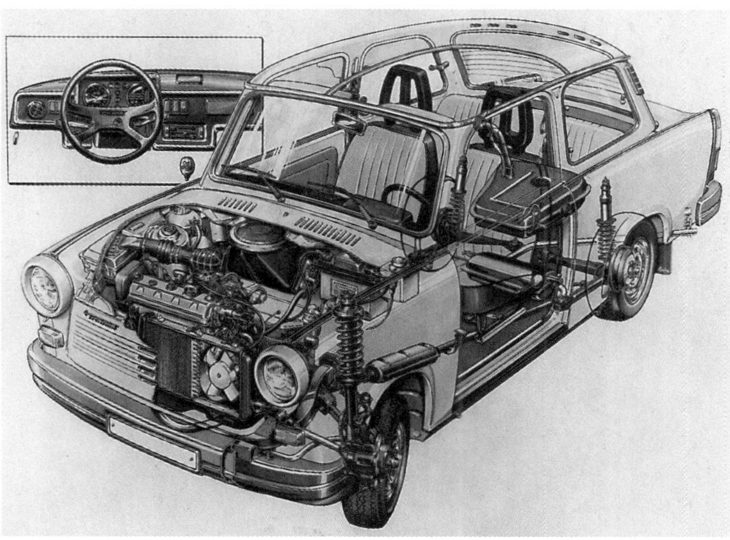

Der Trabant 1.1 im Schnitt. Unter der Motorhaube steckte zwar ein von VW gelieferter moderner Vierzylinder – doch Konstruktionen wie die hintere Pendelachse stammten noch aus alten Zeiten. Sie fand schon im P 50 Verwendung. Und der Tank hatte jetzt zwar einen seitlichen Einfüllstutzen und war endlich etwas sicherer im Heck untergebracht. Dafür faßte er gerade mal 28 Liter und sorgte so für eine Reichweite von nur rund 270 Kilometer pro Füllung – und das bei dem dürftigen DDR-Tankstellennetz.

Der Trabant 1.1 als Pick-up bei der Heuernte, drapiert mit einer schönen Bäuerin. Auf diese Idee muß man erst mal kommen.

Nach der Grenzöffnung versuchte man die plötzliche Beliebtheit des Trabi bei den Amerikanern auch in Verkaufszahlen umzumünzen – geholfen hat es nichts.

Ein anderer Versuch war, den Trabant wieder unter dem Namen Tramp als Fun-Car an den Mann zu bringen – immer »mit der Nase im Wind«. Der Tramp, vorgestellt auf der Leipziger Frühjahrsmesse, basierte auf dem sonst mattgrün lackierten Armeejeep – nun allerdings mit Überrollbügel.

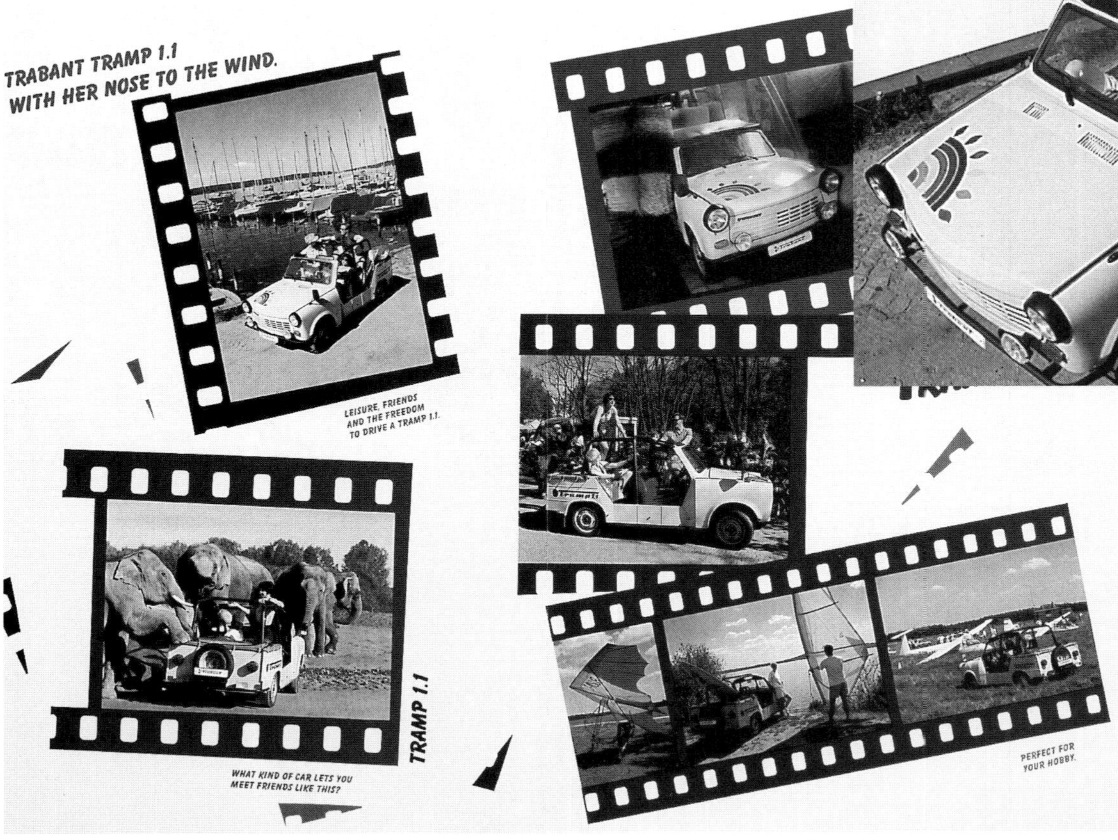

Prototyp Caro Tramp / Trabant 1.1

Der Caro Tramp 110 wurde zusammen mit IVM Engineering in Neckarsulm entwickelt. Es war geplant, das Cabrio, einen Pick-up, eine Limousine und eine Behindertenversion in einer Stückzahl von jährlich 100.000 zu bauen. 70.000 wurden für das Ostgeschäft veranschlagt. Die Preise lagen zwischen 8000 und 15.000 Mark. Das poppig bunte Trabi-Mobil mit Zweikreisbremsanlage, Scheibenbremsen, Einzelradaufhängung und Überrollkäfig sollte vor allem junge Käufer ansprechen – nicht zuletzt auch mit seinem Preis: 12.980 Mark. Gebaut werden sollte der Trabant-Nachfolger in Zwickau. Aber der geplante Serienstart im Dezember 1990 scheiterte an der Finanzierung.

Verzweifelt versuchte man in Zwickau nach der Wende, den Trabant 1.1 an den Mann zu bringen. Doch selbst der gewagte Vergleich mit einem Lastzug nutzte wenig: »Mit dem 1.1 können wir kein Geld verdienen«, stellte der Kommissarische Betriebsdirektor des VEB Sachsenring, Wolfgang Neef resigniert fest.

Das größte Manko des 1.1 war die Halbherzigkeit. Statt ein modernes Auto zu konstruieren, hatte man einfach einen neuen Motor in eine alte Karosse gesetzt. »Was dabei herauskam, konnte aber wieder nur ein Trabant sein«, kritisierte die Zeitschrift AUTO/Straßenverkehr. *Als die Produktion des 1.1 begann, war das Ende des Trabant schon abzusehen. Die Zeiten, in denen man in Zwickau bauen und verkaufen konnte, was man wollte, waren endgültig vorbei.*

1995

Die Legende lebt. Im Zollhafen der türkischen Stadt Mersin waren 444 Trabant 1.1 Universal aus der letzten Bauserie aufgetaucht, die dort nicht zugelassen wurden, weil der Importeur in Konkurs ging. Sachsenring holte die Wagen, die auf einem Parkplatz vor sich hin gammelten, nach Zwickau zurück, restaurierte jeden einzelnen von Grund auf und bot die ganze Charge als »The last Edition« an – zum Stückpreis von 19.444 Mark. West.

Automobiltechnik mit Tradition aus dem Hause Sachsenring

Mit August Horch kam der Automobilbau in Zwickau einst ins Rollen. Von den legendären Horch- und Audi-Modellen der dreißiger Jahre bis hin zur DKW-Fusion wurde bereits früh Automobilgeschichte geschrieben. Nach dem Zweiten Weltkrieg entstand schließlich unter dem Namen Sachsenring die Produktionsstätte des mittlerweile schon historischen Trabants.
Heute ist Sachsenring eine internationale Unternehmensgruppe, die sich als modularer Systemfertiger auf die Schwerpunkte Produktions- und Fahrzeugtechnik konzentriert. Sonderfahrzeuge und Fahrzeugbaugruppen/Systeme/Module gehören genauso zum erfolgreichen Repertoire wie Blechbaugruppen und Bauteile im Karosseriebau.
Als neues, zeitgemäßes Spezialgebiet wird die Entwicklung und Umrüstung von Fahrzeugen auf umweltfreundliche Antriebsarten wie Hybrid, Elektro, Wasserstoff und Erdgas angeboten.

Der Trabant – eine Legende auf Rädern

Mit der Modellreihe Trabant Universal 1.1 brachte Sachsenring ein Fahrzeug auf den Markt, welches auch Jahre nach der Wende dem Anspruch einer fahrbaren Legende gerecht wird. Viertakt-Motor, Katalysator und angemessener Sicherheitsstandard machen diesen Trabant zum Familienliebling. Zu DDR-Zeiten wurden im Anschluß an 3 Millionen verkaufte Zweitakt-Trabis nur 38.865 Trabant 1.1 gebaut. Sachsenring verkauft nun die letzten 444 Exemplare.

Der kleine Unterschied

Vollausstattung, Kunstledersitze, Radio/Kassettengerät mit Einbaulautsprechern und ein exklusiver Hinweis mit persönlicher Gravur machen diesen Universal zum erkennbaren Unikat.
Kauf oder Leasing möglich.
Schnell entscheiden, denn heute ist morgen schon Vergangenheit.

Technische Daten

Allgemeine Fahrzeugdaten	
Gesamtlänge	3521 mm
Gesamtbreite	1528 mm
Gesamthöhe	1440 mm
Spurweite	1280 mm (vorn belastet) 1255 mm (hinten belastet)
Radstand	2020 mm ± 15 mm
Bodenfreiheit	120 mm (bei zulässiger Gesamtmasse)
Leermasse, fahrfertig	735 kg
Nutzmasse	385 kg
Zul. Gesamtmasse	1120 kg
Ladevolumen	1400 dm³ (zweisitzig) 400 dm³ (viersitzig)
Höchstgeschw.	125 km/h
Kraftstoffverbrauch	4,4 l/100 km (bei 60 km/h) 5,9 l/100 km (bei 90 km/h)
Kraftstoff	Minimum 92 Oktan bleifrei
Kraftstoffbehältervol.	28 l (etwa 5 l Reserve)
Karosserie-Bauart	Stahlblechgerippe mit Plattformrahmen verschweißt, Außenhaut Duroplastbeplankung

Motor	
Bauart	Vierzylinder-Viertakt-Ottomotor
Typ	4 VO 5,9/7,5 GRF
Hub/Bohrung	59 mm/75 mm
Hubraum	1043 cm³
Höchstleistung	30 kW (40 PS) bei 5300 U/min
Größtes Drehmoment	74 Nm bei 2700 U/min
Abgasreinigung	Ungeregelter 3-Wege-Katalysator

SACHSENRING
AUTOMOBILTECHNIK GMBH
POSTADRESSE
POSTFACH 100216 · D-08014 ZWICKAU
BESUCHERADRESSE
CRIMMITSCHAUER STRASSE 67 · D-08058 ZWICKAU
DIREKTE VERBINDUNG
TELEFON 03 75/50 96-0 · FAX 03 75/50 96-181

Sammlerauto zum Sammlerpreis – der Prospekt der Sachsenring-Werke, mit dem die 444 letzten Trabant zum Verkauf angeboten wurden, wendet sich an betuchte Kunden. Jeder Trabi mit »persönlicher Gravur« ein Unikat

Technische Daten

	P 70	P 50	P 50/1	P 50/2	P 60	P 601		Typ 1.1
Produktionszeit	1955 - 1959	1958 - 1959	1959 - 1962	1962	1962 - 1964	1964 - 1974	1974 - 1990	1990 - 1990
Varianten	Limousine, Kombi, Coupé	Limousine, Kombi	Limousine, Kombi	Limousine, Kombi	Limousine, Kombi, Camping	Limousine, Kombi, ab 1967: Kübelwagen	Limousine, Kombi, Kübelwagen	Limousine, Kombi, Kübelwagen
Motor	Zweizylinder-- Zweitackt, wassergekühlt	Zwizylinder- Zweitackt, luftgekühlt	Zweizylinder- Zweitackt, luftgekühlt	Zweizylinder- Zweitackt, luftgekühlt	Zweizylinder- Zweitackt, luftgekühlt	Zweizylinder- Zweitackt, luftgekühlt	Zweizylinder- Zweitackt, luftgekühlt	Vierzylinder- Viertackt, wassergekühlt
Hubraum cm∆	690	500	500	500	600	600	600	1043
PS	20/22	18	20	20	23	23 ab 1968: 26	26	40
bei U/min	3500/3500	3750	3900	3900	3900	3900 ab 1968: 4200	4200	5300
Bohrung	76	66	66	66	72	72	72	75
Hub	76	73	73	73	73	73	73	59
max.Drehmoment	5,4	4,5 Nm	4,5 Nm	4,5 Nm	5,2 Nm	54 Nm	54 Nm	74 Nm
bei U/min	3500	2500	2750	2750	2750	2750 ab 1968: 3000	3000	2700
Verdichtung	1:6,8	1:6,7	1:7	1,76	1:7,6	1:7,6	1:7,6 ab 1976: 1:7,8	1:9,5
Gemisch- aufbereitung	–	Fallstrom- vergaser	Fallstrom- vergaser	Fallstrom- vergaser	Fallstrom- vergaser	Fallstrom- vergaser	Fallstrom- vergaser	Fallstrom- vergaser
Schmierung	Gemisch 1:25	Gemisch 1:25	Gemisch 1:33	Gemisch 1:33	Gemisch 1:33	Gemisch 1:33	Gemisch: 1:50	Normalbenzin
Lichtmaschine	150 W	180 W	220 W	220 W	220 W	220 W	220 W	740 W
Batterie	12 V	6 V/56 Ah	6 V/56 Ah	6 V/56 Ah	6 V/56 Ah	6 V/56 Ah	6 V/56 Ah ab 1983: 12 V/38 Ah	12 V/44 Ah
Kraftübertragung	Frontantrieb, Einscheiben- trocken- kupplung, Dreigang- getriebe	Frontantrieb, Einscheiben- trocken- kupplung, Viergang- getriebe	Frontantrieb, Einscheiben- trocken- kupplung, synchronisier- tes Viergang- getriebe	Frontantrieb, Einscheiben- trocken- kupplung, synchronisier- tes Viergang- getriebe	Frontantrieb, Einscheiben- trocken- kupplung, Viergang- getriebe, Hycomat (auf Wunsch)	Frontantrieb, Einscheiben- trocken- kupplung, Viergang- getriebe, synchronisiert, Hycomat (auf Wunsch)	Frontantrieb, Einscheiben- trocken- kupplung, Viergang- getriebe, synchronisiert, Hycomat (auf Wunsch)	Frontantrieb, Einscheiben- trocken- kupplung, Viergang- getriebe, synchronisiert
Fahrwerk	Doppelprofil- rohrrahmen, Kunststoff- karosserie mit Holzgerippe	Plattform- rahmen, Duroplast- karosserie mit Stahlblech- gerippe	Plattform- rahmen, Duroplast- karosserie mit Stahlblech- gerippe	Plattform- rahmen, Duroplast- karosserie mit Stahlblech- gerippe	Plattform- rahmen, Duroplast- karosserie mit Stahlblech- gerippe	Plattform- rahmen, Duroplast- karosserie mit Stahlblech- gerippe	Plattform- rahmen, Duroplast- karosserie mit Stahlblech- gerippe	Plattform- rahmen, Duroplast- karosserie mit Stahlblech- gerippe